NAWROTBROTHERs
SCAN MICH
LINK zum ERFOLG!
Button klicken oder Code scannen,
um direkt zu unserer kostenlosen
3 teiligen Videoserie zu kommen!
JETZT MASTER OF
BIG SALES WERDEN!
WWW.LEBE-DEINEN-ERFOLG.COM

IN DEUTSCHLAND, ÖSTERREICH UND DER SCHWEIZ

MASTER OF BIG SALES

Ein einzigartiges schlüsselfertiges Konzept steht dir zur Verfügung!

Deine Vorteile

- Finanzielle Freiheit
- Unlimitiertes passives Einkommen
- Revolutionäres, patentiertes Produkt aus eigener Manufaktur
- Neben- und hauptberuflich möglich
- Über 30 Jahre Erfahrung im Direktvertrieb
- Internationales Unternehmen (über 85 Länder)

Deine Chance

- Du arbeitest mit Kommissionsware und absolut risikofrei
- Du wirst persönlich gecoacht und hast deinen eigenen Ausbilder, der dich in der Praxis begleitet
- Wir bieten dir eine kostenlose und fundierte Ausbildung
- Du hast bestmögliche Aufstiegsmöglichkeiten
- Sei beim Aufbau eines großen, zukunftsorientierten Unternehmens dabei
- Starte mit einem bereits funktionierenden System
- Nutze unsere über 30-jährige Erfahrung
- Eigene TV-Doku-Soap im Deutschen Fernsehen
- Weltweit die Nr. 1

Hier der direkte Kontakt zu uns:

www.Lebe-Deinen-Erfolg.com

WIDMUNG

Dieses Buch ist all jenen gewidmet, die noch den Mut zum Träumen haben. Wir alle haben grosse Kraft in uns. Diese Kraft ist der Glaube an sich selbst. Glaubt an euch und eure wahrhaftigen Träume und ihr werdet euer Leben zu einem wahren Meisterwerk machen.

DANKSAGUNG

Dieses Buch ist in erster Linie unseren Eltern Irmgard & Wladimir Nawrot, die uns die wichtigsten Werte in unserem Leben mitgegeben haben, gewidmet. Unseren Ehepartnern Martina & Daniel, die immer hinter uns stehen, Katarina, Petra, Jean und unseren geliebten Kindern Josephin, Mia, Romeo, Melodie & Mila. Sowie der ganzen Familie, allen Freunden, Geschäftspartnern und Wegbegleitern, die immer an uns geglaubt haben. Danke an die CEO's und mittlerweile sehr engen Freunden von unserem Partnerunternehmen, Angelina & Michael inklusive dem ganzen Team der Vertriebsabwicklung, Familie Pogacar, Wilfried & Giuseppe, die uns von Anfang an eine weltweit einzigartige Plattform zur Verfügung gestellt haben. Und vor allem gilt unser größter Dank unseren loyalen Vertriebspartnerinnen und Vertriebspartnern in Deutschland, Österreich und der Schweiz, die uns zum Teil bereits ein Jahrzehnt lang die Treue halten und den Weg mit uns gemeinsam gehen. Zusammen mit eurer Unterstützung haben wir das Unmögliche zum Möglichen gemacht und weltweit jeglichen Rekord geknackt.

In Dankbarer Zusammenarbeit mit Britta Stobbe
(Mosquito-Media Verlag)

Danke

INHALTSVERZEICHNIS

EDITORIAL

SEI MUTIG GENUG, UM DEINE TRÄUME ZU VERWIRKLICHEN & DAS LEBEN ZU LEBEN, DAS DU VERDIENST.

VIELLEICHT BEGINNT DEIN LEBEN ERST DANN WIRKLICH, WENN DU GEGEN DEN STROM SCHWIMMST, WENN DU DEN MUT FINDEST, EINEN TRAUM ZU VERWIRKLICHEN, WENN DU IM LEBEN ETWAS RISKIERST, WENN DU ETWAS TUST, OBWOHL ANSCHEINEND ALLES DAGEGEN SPRICHT, AUSSER DIESE STIMME IN DIR, DIE SAGT: ‚MACH ES TROTZDEM...'

KÄMPFE MIT LEIDENSCHAFT, SIEGE MIT STOLZ, VERLIERE MIT RESPEKT, ABER GEBE NIEMALS AUF!

Als wir die Entscheidung trafen, den Weg mit unserem Partnerunternehmen zu gehen, da konnten wir bereits auf eine unternehmerische Vergangenheit zurückschauen und diese war von einigen wenigen Höhen, vor allem aber von Tiefen, geprägt. Direct Selling Erfahrung besaßen wir nicht.

Wir wussten immer, dass wir einmal erfolgreiche Unternehmer sein würden, aber wir ahnten all die Jahre nicht, was uns letztlich zu diesem erhofften Erfolg führen würde. All die Tage, Wochen und Monate mit all den neuen Ideen und Versuchen, die sich in unseren Köpfen so gut und so erfolgsversprechend anfühlten, führten so oft ins Leere und immer wieder bremste die Realität die Euphorie aus und wir mussten erkennen: Das, was wir machen, ist nicht das passende Geschäftsmodell für uns.

Als wir dann als Quereinsteiger im Direct Selling starteten, da haben uns viele Menschen belächelt. Sie hatten immer wieder erlebt, wie wir als Brüder zig Möglichkeiten ausprobiert hatten. Wir waren nie komplett gescheitert und es gab durchaus Konzepte, die uns finanziell über Wasser hielten, aber erfolgreich wurden wir in dieser langen Zeit nicht.
Als Direct Seller sollte es anders werden.

Das Zweifeln der Menschen gab uns die Kraft zum Durchstarten. Wir wollten es doch noch einmal probieren und diese eine Chance nutzen, die alles verändern könnte. Könnte.... Wir wussten es nicht, aber wir spürten, dass diese Gelegenheit eine besondere war. Sie würde uns verhelfen, endlich zu wachsen, erfolgreich zu werden, Geld zu verdienen – viel Geld zu verdienen.

Dass alles im Leben möglich ist, wenn man an (s)einem wahrhaftigen Traum fest-

hält, niemals aufgibt und immer fokussiert am Ball bleibt, war uns klar, aber: Uns fehlte ‚The Missing Link'. Uns fehlte das Puzzlestück zum Erfolg. Und dieses fehlende Puzzleteil war nicht etwa eine unzureichende Schulbildung oder ein fehlendes Abitur, ganz zu schweigen von einem Studium, das wir beide nicht haben… (und auch nie brauchten, wie sich herausstellte). Uns fehlte einfach nur der richtige Partner für den Erfolg.

Nach zehn Jahren sitzen wir heute hier und blicken auf die zurückliegenden Jahre zurück und sagen: Es hat sich gelohnt. Jeder einzelne Tag voller Schmerz und Verzweiflung hat uns gezeigt, dass noch ein weiter Weg vor uns liegt, der gegangen werden muss. Dieser Weg war bestückt mit großen Steinen, die aus dem Weg geräumt werden wollten und er war vollgestellt mit Hürden, die gemeistert werden mussten. All die Tage, an denen wir nicht wussten, wie wir weitermachen sollten und überlegten, wie wir unseren Lebensunterhalt verdienen könnten, haben unsere Seelen geprägt. Aber diese Tage haben auch unser Mindset gestärkt. Wenn ein Geschäftsmodell wieder einmal nicht so funktioniert hat, wie wir es uns erhofft hatten und es diese Momente des Zweifelns gab und unsere Lebensfreude überschattet wurde und uns die hämischen Blicke der anderen trafen, da wussten wir als Brüder: Es gibt einen Weg. Es muss ihn geben. Es gibt diesen einen Weg für uns – wir müssen den Pfad nur finden.

Niemals, wirklich niemals, verließ uns unser Gefühl, dass wir eines Tages erfolgreiche Unternehmer sein würden. Wir waren keine Illusionisten und wir waren keine Spinner. Vielmehr waren wir zwei junge Männer, die der Welt und sich selbst beweisen wollten – und konnten –, was im Leben möglich ist.

Und wir haben es geschafft.

Heute sind wir stolz, dankbar und demütig. Wir haben die Steine beiseite geraumt und die Hürden übersprungen. Von den vielen Schritten, die wir in den letzten Jahren gegangen sind, profitieren nicht nur wir selbst, sondern wir haben es außerdem geschafft, unsere Familien abzusichern und helfen durch unser Wissen anderen Menschen, es uns gleich zu tun. Kann es etwas Schöneres geben, als andere Menschen dabei zu unterstützen, finanziell frei, unabhängig und glücklich zu sein?

Nein.

Für uns haben sich alle Träume erfüllt. Fragt man erfolgreiche Menschen, wie sie sich fühlen, wenn sie auf der Leiter des Erfolges stehen, dann antworten sie oft, dass sie sich solch ein Leben niemals hätten erträumen lassen. Bei uns ist das anders. Wir hatten zuerst unseren Traum, erst dann haben wir ihn realisiert. Wir haben unseren Erfolg gesehen, gespürt, verinnerlicht. Wir wussten immer und zu jeder Zeit, was wir wollten, wir haben nur die Einfahrt zum Erfolg mehrmals verpasst… bis wir sie gefunden haben und entlang gefahren sind.

Zehn Jahre sind vergangen und das ist ein Jahrzehnt, das uns alle Rekorde beschert hat, die in unserem Partnerunternehmen möglich sind. Unsere Karriere ist außergewöhnlich und wir sind dankbar, dass wir diese Erfahrung machen durften und mit anderen Erfolgshungrigen teilen dürfen.

Jeder Rückschlag hat uns ermutigt, neu Gas zu geben, um zu zeigen, dass ALLES im Leben möglich ist.

Learning by Doing und Lernen durch Erfahrung sind letztlich die Geheimtipps, die uns zu den JETZT ERFOLGREICHEN Nawrot Brothers gemacht haben.

*Unsere Erfahrungen, gepaart mit unserem Wissen möchten, wir an dieser Stelle weitergeben. Wenn auch du einen Traum hast und spürst, dass du diesen realisieren kannst, dann halte an deinem Traum fest.
Behalte immer deine Motivation und Kraft. Es ist egal, was andere Menschen denken, wichtig ist nur, was du denkst.*

Fühlst du deinen Erfolg? Kannst du ihn sehen und spüren? Dann gib nicht auf.

Niemals.

Lerne von uns und schreibe deine eigene und ganz persönliche Erfolgsgeschichte.

Wir sind von Herzen dankbar für alles, was wir im Leben bereits erreicht, aber eben auch noch nicht geschafft, haben. Wir möchten unsere Gedanken, Erfahrungen und Vorgehensweisen mit jedem teilen, der offen ist und der erkennt, dass das Leben so viel mehr zu bieten hat, als einen 9 to 5 Job – der letztlich weder zu Erfüllung noch zu Wohlstand führt. Verharre nicht auf der Stelle, sondern gehe vorwärts, Schritt für Schritt… auch, wenn es Tage gibt, die dich wieder Schritte zurück gehen lassen.

Halte an deinen Zielen, Wünschen und Träumen fest und stärke dein Mindset, um schwierige Zeiten durchzustehen.

Wir haben niemals den Glauben an uns, unsere Fähigkeiten und unseren Erfolg verloren und wir glauben auch an dich.

Wenn dich unsere Lebens-, Erfolgs- und Unternehmer-Geschichte inspirieren kann, dann haben wir einen weiteren Step in unserem Leben erreicht und können den Punkt ‚...andere Menschen zu motivieren' auf unserem persönlichen Vision-Board abhaken. Gehe mit uns den Weg zu deinem Erfolg.
In tiefer Liebe und Dankbarkeit,

Roman und Manuel Nawrot, Oktober 2022

KAPITEL 01

DO-IT-YOURSELF -KINDHEIT

DO-IT-YOURSELF
KINDHEIT

Roman und Manuel Nawrot, 1985 und 1988 geboren, wuchsen behütet, gut bürgerlich durchschnittlich auf und wenn sie sich zurückerinnern, dann war ihre Kindheit wirklich schön. In die Erinnerungen fließen immer auch mit ein, dass sie bereits in jungen Jahren von ihren Eltern und Großeltern mit auf den Weg bekommen haben, dass Hürden dazu da sind, sie zu überwinden und das alles im Leben möglich ist, wenn man Zeit investiert, ehrgeizig und motiviert ist und einen starken Willen hat, der einem hilft, seine Ziele zu erreichen.

Im kleinen schwäbischen Kurort Bad Saulgau wohnten sie mit ihren Eltern und Großeltern zusammen. Der Vater stammte gebürtig aus Slowenien, die Mutter aus Oberschwaben, und so wuchsen die Jungs einerseits mit der typisch deutschen Bodenständigkeit, Disziplin und Pünktlichkeit auf, andererseits wurden sie von ihrem Vater mit seinen südländischen Wurzeln, dem Temperament, seiner Power und Begeisterungsfähigkeit stark geprägt.

Für uns ist diese Mischung ein Geschenk Gottes, weil wir so Charaktereigenschaften implementiert haben, die uns jetzt in unserem Leben zu Gute kommen. Während der eine von uns sehr organisiert, strukturiert und etwas zurückhaltender ist, ist der andere impulsiv und prescht gerne nach vorn. Das ist auch der Grund, weshalb wir in allen Bereichen und vor allem im Business so gut miteinander harmonieren und über so viele Jahr schon zusammenarbeiten.

WIR ERGÄNZEN UNS PERFEKT.

Alles, was die Brüder im Leben gemacht haben, haben sie immer zusammen durchgezogen. Ihr Vater hat ihnen früh vermittelt, dass sie sich als Brüder zoffen dürfen, denn auch Reibung erzeugt Energie, aber niemals sollten sie sich zerstreiten. Feste wie Geburtstage, Hochzeiten, Taufen oder Feiertage wurden bei den Nawrot Brothers ausgiebig gefeiert, es war immer etwas los. Sie nennen die Familienkultur, die gepflegt wurde, ‚Open House'. Das Familienleben von damals hat dazu geführt, dass sie auch heute die Familie als wichtigsten Baustein in ihrem Leben sehen.

Beide, unser Großvater und unser Vater, waren handwerklich sehr geschickt und überaus fleißig. An unserem Elternhaus wurde ständig gebaut, repariert, ausgebessert und es gab kein Problem, für das sie keine Lösung hatten. Je mehr die Leute zweifelten, ob sie ihre Vorhaben in die Realität umsetzen konnten, desto stärker waren sie in ihrer Kreativität angetrieben, ihr Können zu beweisen. Wir waren immer von Machern umgeben und Kinder schauen ab, was ihnen vorgelebt wird.

Rückblickend lässt sich daher ganz klar sagen, dass in der Kindheit die Weichen für ihr heutiges Mindset gelegt wurden. Der Opa war ein klassischer Do-it-yourself-Typ, er hatte eine Idee, hat überlegt, wie er sie umsetzen kann, hat sich jeden Handgriff selbst beigebracht und immer wieder neu ausprobiert, so lange, bis er zufrieden war. Diese Beharrlichkeit und Disziplin hat er an seinen Sohn, dem Vater, weitergegeben – und von ihm haben die Brüder gelernt.

KARRIERE ALS PROFIMUSIKER

Schule, Abitur, Studium oder Ausbildung – diesen Werdegang gab es bei Roman und Manuel Nawrot nicht. Noch während der Schulzeit fanden sie zur Musik. Bedingt durch ihren Vater, der mit einer Ein-Mann- Musikschule im Wohnhaus selbständig war und in einer Band spielte, wuchsen die Jungs mit der Musik auf und haben selbst mehrere Instrumente – Melodica, Keyboard, Akkordeon, Orgel, Gitarre, Schlagzeug, Klavier und die Steirische Harmonika... – gespielt.

Wir konnten keine Noten lesen, aber wir lernten, wie er es uns lehrte und nach Gefühl und Gehör.

Musikschüler gingen im Hause Nawrot ein und aus und der Vater lebte für die Musik. Als Kinder absolvierten die Brüder ihre ersten Auftritte als Musiker. Die Schule? Ein notgedrungenes Übel, denn sie interessierte beide damals nicht, sie liebten die Musik.
Alles, was wir gelernt haben und heute können, haben wir vom Leben gelernt und nicht in der Schule oder an einer Uni.

Natürlich raten wir nicht, keine Ausbildung zu absolvieren, aber unser Weg war nun einmal so. Eine Berufsausbildung gewährleistet niemals deinen Erfolg am Arbeitsplatz, sie unterstützt lediglich den Erfolg.

Als der Geburtstag der Oma mütterlicherseits im Heimatort der Mutter gefeiert wurde, nahmen sie ihre Instrumente mit und machten Musik. Die anwesenden Gäste waren derart begeistert, dass die Nawrots quasi als musikalischer Geheimtipp weiterempfohlen wurden. Kleine süße Jungs, die noch dazu mit Begeisterung musizierten und eine volkstümliche Unterhaltung mit Instrumenten und Gesang boten: Sie waren eine Attraktion. Die Auftritte wurden immer mehr, aus Geburtstagen wurden Veranstaltungen und anstatt eines leckeren schwäbischen Abendessens als Gage gab es irgendwann auch etwas Geld. Zeitungen, Radiostationen und Fernsehsender wurde auf die musikalischen Kinder aufmerksam und berichteten über die ‚Nawrot Brothers'.

Unser erster größerer Erfolg, der auch überregional Beachtung fand, war ein erster Platz beim Internationalen Musikwettbewerb am Bodensee mit dem Song ‚Gruß aus Bad Saulgau'. Beim MDR gewannen wir den Titel ‚Musikantenprinzen' und einen ersten Platz belegten wir außerdem bei der SWR 4 Nachwuchshitparade und wurden mit dem ‚Nachwuchsförderpreis für Schlager und Volksmusik der Stadt Weimar' ausgezeichnet. Die beiden Volksmusik-Königinnen Margot und Maria Hellwig, seinerzeit das bekannteste Schlagerwelt-Duo, entdeckten uns in ihrem berühmten Café-Restaurant ‚Zum Kuhstall' in Reit im Winkl und durch ihre Unterstützung öffneten sich weitere Türen.

Es folgten über 150 Auftritte und Shows in ganz Deutschland, Österreich, der Schweiz, in Slowenien, Kroatien, Niederlande, Belgien, Frankreich, Dänemark, Italien und Ungarn und auch bildeten sich Fanclubs um Roman & Manuel und ihre Musik in Deutschland, Österreich, der Schweiz und sogar in Holland und Dänemark. Las Vegas und ein Auftritt im dortigen ‚Hofbräuhaus' und eine Reise nach Asien sollten folgen.

Diese Zeit hat uns unbewusst unglaublich für unser weiteres Leben geprägt. Hier wurde sozusagen der fundamentale Grundstein für unseren heutigen Erfolg gelegt, denn schon damals mussten wir motiviert, engagiert und diszipliniert sein. Wir waren sehr ehrgeizig und haben in jeder freien Minute geübt. Die 10.000-Stunden-Regel besagt ja, dass man circa 10.000 Stunden üben muss, um der Perfektion nahe zu kommen und ein Meister seines Fachs zu werden. 10.000 Stunden haben wir geschafft. Letztlich stellte diese Zeit in unserem Leben auch bereits eine Selbstvermarktung dar. Das Knüpfen von Kontakten, die Terminplanung, das Durchziehen der Aufgaben, Verantwortung zu übernehmen, immer motiviert und professionell bleiben, an sich selbst und seine Träume glauben, all das glich dem Aufbau einer Vertriebsorganisation. Als wenig bekannte Künstler machten wir Werbung für uns selbst, reisten von Ort zu Ort und begannen, mehr Menschen von uns und unserer

Musik zu begeistern. Und wir lernten, uns zu behaupten.

Als Roman und Manuel für das, was sie gemacht haben, belächelt wurden und man sie wegen ihres Bühnenoutfits – einer slowenischen Tracht – als ‚Gestiefelte Kater' bezeichnete oder sie abends beim Ausgehen als Akkordeon-Spieler nachäffte, hielten sie eisern an ihren Zielen fest. Sie wollten ihren Bekanntheitsgrad als Musiker weiter steigern.

GLÜCKLICH SEIN BEDEUTET NICHT, DAS BESTE VON ALLEM ZU HABEN, SONDERN DAS BESTE AUS ALLEM ZU MACHEN.

Der Vater war der Manager und die Mutter unterstützte, wo es nur ging und so waren sie als Familie ein tolles Team. Die Karriere war der Traum aller, auch die Kinder wollten das. Sie wollten auf der Bühne stehen, sie liebten die Musik, sie mochten es, wenn den Leuten der Auftritt gefiel.

Sie lebten ihre Leidenschaft, bekamen Anerkennung und schmiedeten große Pläne. Der Vater investierte, kaufte eine alte Fahrschule und wollte hier mit der Musikschule expandieren. Er besorgte ein kleines Mischpult mit Mikrofon, saß stundenlang vor seinem Computer, tüftelte und probierte aus und produzierte in Eigenregie die erste CD, ‚Roman und Manuels Harmonika'. Das Wohnmobil des Cousins der Mutter wurde generalüberholt und zum Tourbus umfunktioniert.

GLÜCKLICH SEIN BEDEUTET NICHT,
DAS BESTE VON ALLEM ZU HABEN,
SONDERN DAS BESTE AUS
ALLEM ZU MACHEN.

SCHICKSALSSCHLAG

Die Karrierepläne wurden jäh unterbrochen, als Vater Wladimir völlig unerwartet am 8. März 2006 mit nur 56 Jahren an einer Lungenembolie verstarb.

Wir standen unter Schock, waren wir doch erst 21 und 17 Jahre alt. Wir verloren nicht nur unseren geliebten Vater, Manager und Freund, unsere Mutter ihren Ehemann, sondern unsere komplette Existenzgrundlage brach weg und wir standen mit Schulden aus dem Haus und der Musikschule da.

Wie sehr sich ab diesem Zeitpunkt die Abwärtsspirale der Nawrots nach unten drehen sollte, ahnten sie zu diesem Zeitpunkt noch nicht. Auch wenn rückblickend gesagt werden kann, dass sich an Schicksalsschlägen, Unwegsamkeiten und Ablehnung wachsen lässt, so war hier kein Sinn zu erkennen.

Ab dem Moment, an dem sich im Ort herumgesprochen hatte, dass Vater Nawrot verstorben war, trudelten Kündigungsschreiben der Musikschüler ein. Die Jungs mussten handeln, organisieren, Termine absagen, alles umplanen und sie wussten nicht, wie es finanziell weitergehen sollte. Die Banker gingen im Einfamilienhaus ein und aus und es sah so aus, als würde die Familie das Haus verlieren. Die Mutter hatte gerade erst ihren Job als Steuerfachgehilfin gegen die Selbständigkeit in der Vermögensberatung eingetauscht und Geld für alle verdiente sie noch nicht. Ein Blick in die Zukunft zeigt, dass sich Mama Nawrot zur Selfmade Karrierefrau entwickelt hat, die ihr Leben zu jeder Zeit fest im Griff hatte. Auf ihr Organisationstalent konnte sich die ganze Familie all die Jahre verlassen und ihre herzliche Art kam auch bei Fremden gut an. Diese Charaktereigenschaften zeichnen sie bis zum heutigen Tage aus und so ist sie immer auch ein Vorbild für die Brüder gewesen. Aber das allein verdient keinen Lebensunterhalt. Und die damalige Situation war schwierig. Roman und Manuel konnten nur Musik, eine andere Grundlage besaßen sie nicht.

Mit der Musik hatten wir seinerzeit alles auf eine Karte gesetzt. Also blieb uns als Lösung auch nur die Musik.

Die Brüder stellten erst eine Musiklehrerin ein, dann weitere Lehrer, um die wenigen noch verbliebenden Schüler zu unterrichten. So hielten sie den Musikschulbetrieb aufrecht. Ein guter Freund bot ihnen Unterstützung an und so ließen sie in seiner Druckerei Flyer und Werbeschilder drucken. Das Angebot einer Gratisstunde wurde gut angenommen und so schafften sie es, durch ihre Aktion neue Musikschüler zu finden.
Sie eröffneten zwei weitere Filialen und erhöhten ihren Bekanntheitsgrad.

Doch sie fanden sich in einer Arbeit wieder, die sie nie machen wollten.

Wir verbrachten als Künstler unsere Zeit im Büro und saßen diese ab... Das war nicht unser Traum vom großen Erfolg.

Zu dieser Zeit zahlten sie sich nicht einmal ein Gehalt aus. Wovon denn? Die Nawrot Brüder gelangten an einen Punkt, an dem sie entscheiden mussten, wie es weitergehen sollte. Sollten sie weitere Filialen eröffnen oder sich umorientieren? Als Vorbilder der mobilen Supermärkte, die über die Dörfer fahren und die Bewohner mit Lebensmitteln versorgen, träumten sie von einer mobilen Musikschule, die sie als erste rollende Musikschule der Welt als Franchisekonzept etablieren wollten. Gedacht, gesagt, getan. Ohne finanziellen Background bestellten beide den größten Anhänger, den sie finden konnten und mit Eifer beschrifteten sie diesen und meldeten sich außerdem bei einer großen Musikmesse an. Aussichtslos war diese gewiss nicht, denn die Bekanntheit der Brüder steigerte sich von Tag zu Tag und sie wussten, wie sie sich als Marke mit ihrem Namen aufbauen und etablieren mussten – und worauf es beim Marketing ankommt. Der Name Nawrot war Musikbegeisterten in der Region ein Begriff, denn das auffällige gelbe Logo, das auf Flyern und Promotionständen präsent war, prägte sich in den Köpfen ein.

Das Resultat vorweg: Es ist kein Franchiseunternehmen zustande gekommen, denn das Konzept war nicht ausgereift genug und den Nawrot Brüdern fehlten weitere finanzielle Mittel.

Wir drehten uns im Kreis, arbeiteten rund um die Uhr, um die Kosten zu decken und den Forderungen nachzukommen... aber all das reichte nicht aus.

Roman und Manuel Nawrot gaben die Musikschule auf, die ihr Vater 30 Jahre lang – ohne einen einzigen Tag krank gewesen zu sein – geführt hatte. Dieser Moment tat weh und als sie die Beschriftung am Haus abkratzen mussten, da wurde ihnen bewusst, dass sie Zeit und Hoffnung in ein aussichtsloses Projekt investiert hatten. Ein mulmiges Gefühl breitete sich in der Magengegend aus.

Zuerst haben uns die Menschen als Musiker belächelt, dann haben sie mit dem Finger auf uns gezeigt und uns vorausgesagt, dass wir es mit unseren verrückten Ideen und ohne eine vernünftige Berufsausbildung nie schaffen würden. Niemand hat an uns geglaubt, auch, weil wir noch so jung waren. Und jetzt mussten wir die Musik und das Lebenswerk unseres Vaters aufgeben.

Hatten die Leute Recht gehabt? Würden es die Nawrot Brothers nie schaffen?

NAWROTBROTHERs
SCAN MICH
LINK zum ERFOLG!
Button klicken oder Code scannen, um direkt zu unserer kostenlosen 3 teiligen Videoserie zu kommen!
JETZT MASTER OF
BIG SALES WERDEN!
WWW.LEBE-DEINEN-ERFOLG.COM

KAPITEL 02

VOM REGEN IN DIE TRAUFE

VOM REGEN IN
DIE TRAUFE

Der Verlust des Vaters schmerzte und sein Ableben hinterließ ein Loch, dass nie zu schließen war, und dass sie die Musikschule aufgeben mussten, schmerzte auch. Wie sollte es weitergehen? Sie hatten keine Ausbildung und keine Referenzen, außer ihrer musikalischen Vergangenheit, und irgendwie hatten sie auch keinen Plan. Aber sie besaßen eine Vision. Ihre Vision, einmal erfolgreiche Unternehmer zu sein, haben sie nie verloren. Ein Leben lang fehlte es den Brüdern nie an Motivation und auch nicht an Kraft, an innerer Einstellung und auch waren sie sich für harte Arbeit nie zu schade. Das waren die Werte, die sie von ihren Eltern von Kindesbeinen an vorgelebt bekommen hatten. Doch die Schläge, die in den letzten Monaten auf das Duo niedergeprasselt waren, mussten erst einmal verarbeitet werden. Doch zum Ausruhen blieb keine Zeit, es musste Geld verdient werden. Nach einer kurzen Zeit der Planlosigkeit waren da wieder die Nawrot Brothers, die übersprudelnd waren vor Ideen und so setzten sie um, was ihnen in den Kopf kam.

Wie wir uns in der Öffentlichkeit bestmöglich zu präsentieren hatten, das haben wir bereits als Musiker gelernt. Es war nicht so, dass wir angerufen und mit Auftrittsanfragen bombardiert wurden, sondern wir mussten auf uns aufmerksam machen, umgebucht oder interviewt zu werden. Als Familie arbeiteten wir komplett Hand in Hand und so lernten wir, bei Eventbetreibern anzufragen oder Fernsehsender, Radiostationen und Medienhäuser anzurufen oder anzuschreiben. Wir wussten, dass wir uns als Marke entwickeln mussten und erst nach und nach erlangten die Nawrots Brothers den Bekanntheitsgrad als Stars. Und das führte dann in der Folge zu zahlreichen Auftritten im In- und Ausland, Tourneen, den Fanclubs sowie CD-Produktionen und Interviews. Wir wussten also, dass wir die Werbetrommel rühren müssen, um gesehen zu werden.

Roman und Manuel Nawrot haben immer überlegt, welchen Weg es geben könnte, der ihren Fleiß bestätigt, ohne in diesem Hamsterrad als Angestellte oder auch als Unternehmer mit dem Hamsterrad Verantwortung, Verpflichtung, Arbeitszeiten, Angestellte, Kosten gefangen zu sein. Ihr Wunsch war es immer, auf die andere Seite des Lebens zu gelangen. Und sie hatten erkannt: Die administrative Seite lag ihnen einfach nicht. Sie wollten ihre Zeit nicht mit Büroarbeit verbringen und ihre Filialen und Angestellten verwalten, sondern sie wollten auf einfacherem, smarterem Wege – und hiermit ist nicht gemeint, dass sie die Arbeit scheuten, das Gegenteil war der Fall – erfolgreich werden.

Die Ideen gingen uns nie aus.

DIE ZUKUNFT GEHÖRT DENEN, DIE AN DIE WAHRHAFTIGKEIT IHRER TRÄUME GLAUBEN.

Die jungen Männer saßen in ihrem Büro in ihrem Wohnhaus im Heimatort Bad Saulgau und konzipierten die Idee einer Dating-Online- Plattform für Menschen mit Handicap und das war zu der damaligen Zeit tatsächlich etwas Besonderes. Wo können sich Gleichgesinnte verlieben? Sie wollten Menschen, die anders sind als die Masse, über das Internet zusammenbringen.

Unsere Idee war gut, doch auch hier standen wir wieder vor der Hürde, alles selbst machen zu müssen. Wir mussten programmieren lernen oder einen Programmierer beauftragen, aber hierzu fehlte uns wiederum das Geld. Bevor wir mit der Idee Geld verdienen konnten, musste die Plattform bekannt werden und auch hier standen wir vor großen Herausforderungen und all diese kosteten nicht nur Geld, sondern vor allem auch Zeit.

Konnte Erfolg nicht schneller gelingen?

Wir sehnten uns nach einer Plattform im Hintergrund, die uns all diese administrativen Aufgaben abnimmt, so dass wir uns auf unsere Kernkompetenz – die Akquise von Neukunden oder neuen Geschäftspartnern – konzentrieren konnten. Wir wollten uns auf einkommensproduzierende Tätigkeiten konzentrieren und uns nicht mit Büroarbeit vom Geld verdienen abhalten lassen.

Gibt es auf dieser Welt nicht ein Werkzeug, dass sich nutzen lässt, um diese ganzen Anfangshürden zu überspringen?

Dieses Werkzeug gab es, aber wir kannten es zu diesem Zeitpunkt noch nicht.

Sie kannten Network Marketing und den Strukturvertrieb, sie wussten um die Macht des Direct Sellings und Begriffe wie Multi Level Marketing waren ihnen nicht fremd, weil sie immer wieder auch mit diesem Geschäftsmodell konfrontiert wurden, doch irgendwie zündete damals niemals der bekannte Funke, den es braucht, um von einem Business begeistert zu sein. Zurückblickend sagen sie heute, dass sie seinerzeit nicht reif genug für einen Einstieg waren. Warum nicht? Das wissen sie nicht. Sie fühlten dieses Business nicht.

Während Manuel immer schon der rational denkende Part war und sich über das Geschäftsmodell Network Marketing bereits informiert hatte, übernahm Roman eher die kreative und empathische Rolle. So lag es nahe, dass sich

DIE ZUKUNFT GEHÖRT DENEN, DIE AN DIE WAHRHAFTIGKEIT IHRER TRÄUME GLAUBEN.

Manuel im Network Marketing durchaus einmal ausprobieren wollte. Roman verstand das Prinzip zu diesem Zeitpunkt überhaupt nicht und so wunderte er sich, als sein Bruder Kreise aufmalte und Personen darunter positionierte, um Strukturen aufzubauen. Hat denn Network Marketing mit dem Internet zu tun? Der ältere der Brüder war verwirrt. Der Name legt genau das nahe....

Zu Hause im Heimatort wurde den Jungs immer wieder die Vergangenheit vor die Nase gehalten, diese ließ sich nicht auslöschen. Sie wussten, dass sie nach vorne schauen mussten und das braucht Veränderung. Diese Veränderung konnte nur außerhalb des Heimatradius gelingen.

KAPITEL 03

ERSTE ERFAHRUNGEN IM VERTRIEB

ERSTE ERFAHRUNGEN
IM VERTRIEB

Roman verließ als Erster der beiden Brüder Bad Saulgau und zog mit einer guten Freundin nach München, in die pulsierende Großstadt, dorthin, wo einen niemand kennt. Manuel blieb – in der Heimat, bei der Mutter und in dem Umfeld, in dem er groß geworden war. Aber das sollte nur noch vorübergehend sein. Er bewarb sich beim weltweit bekanntesten Unternehmen für Energydrinks für eine Mitarbeit im Vertrieb und unter einer Vielzahl an Bewerbungen wurde er ausgewählt.

In diesem Moment wurde mir klar: Wenn ich eine Plattform habe, die mir im Hintergrund alles abnimmt und ich nur draußen an der Front mit Interessenten beschäftigt sein kann und mich nicht um die administrativen Belange kümmern muss, dann performe ich richtig gut. Denn der Umgang mit den Leuten ist mir wichtig. Ich kann und will verkaufen. Als ich diese Chance bekommen habe, entwickelte ich mich zum Top-Verkäufer, lernte schnell und schrieb super Zahlen. In diesem Moment bin ich richtig aufgegangen und es fühlte sich so an, als wäre eine schwere (Büro-)Last von meinen Schultern abgefallen.

Manuel war überdurchschnittlich erfolgreich, doch im Hinblick auf sein Einkommen war sein Erfolg begrenzt. Es gab eine Deckelung, die er zuerst nicht verstand. Er arbeitete mehr, als die anderen, aber er verdiente nicht mehr. Er engagierte sich über die Maßen hinaus, ohne über die Maßen hinaus dafür honoriert zu werden. Diese Deckelung sorgte dafür, dass er erkannte, dass seine Höchstform nicht als solche belohnt wurde.

Warum soll ich 110 Prozent geben, wenn ich nicht für 110 Prozent vergütet werde?

Ein Angestellter stellt sich diese Frage nicht. Er verdient bei einer 40- Stunde am Monatsende das gleiche Gehalt, denn für die 40 Stunden wird er bezahlt. Ob er fleißig war oder sogar krank, das interessiert hier nicht. Es ist egal. Aber ein Unternehmer, der seine Leistung einzuschätzen weiß und überdurchschnittlichen Einsatz erbringt, der möchte auch über dem Durchschnitt Geld verdienen.

Manuel wusste, dass er über 100 Prozent wert war, wenn er über 100 Prozent gibt.

Roman und Manuel tauschten sich aus und sie überlegten, wie sie diesem Käfig entkommen konnten. Sie verdienten mit ihrer Arbeit ihren Lebensunterhalt, doch hier waren ihnen Grenzen gesetzt. Zu dieser Zeit jobbte Roman in der Gastronomie.

Das Leben in München ist teuer. Und da Roman keine Ausbildung vorweisen konnte und nie eine andere Tätigkeit ausgeübt hatte, als Musiker auf der Bühne zu stehen, war er froh, einen Job zu bekommen.

Sprechen konnte er gut, Teller abwaschen lernte er. Im ‚Englischen Garten' in München – einem über die Landesgrenzen hinaus bekannten Biergarten – wurde er zum systemkonformen Mitarbeiter, der sich an Schichten halten, Vorgesetzten folgen und mit Kollegen arrangieren musste. Er verdiente wenig, wechselte zwischen Tag- und Nachtschichten ab, um über die Runden zu kommen und lief zu Fuß einige Kilometer bis zur Haltestelle, um mit der S-Bahn zum Arbeitsort zu fahren. Ein Auto besaß er nicht. Und er tauschte Zeit gegen Geld. Er kannte den Unterschied zwischen den einzelnen Biersorten nicht und in diesem einen Moment, wo die Kundschaft nach Getränken rief, er am Zapfhahn stand, die Überforderung spürte, aber abliefern musste, da fiel ihm zum ersten Mal im Leben auf, dass er eigentlich gar nichts kann.

Wo waren Ruhm, Ehre und Applaus geblieben, die ihm und Manuel als Musiker all die Jahre zuvor zuteil kamen? Die ersten Jahre in München beschreibt Roman auch heute noch als Horror und er erinnert sich an die vielen Tränen, die er geweint hat, als er nach einem langen Arbeitstag mit Bier verschmierter Kleidung den langen Weg nach Hause auf sich nahm. Er kam aus einem behüteten Elternhaus und jeder im Ort kannte ihn und seinen Bruder. In der Großstadt zählte all das nicht, hier war die mühsam aufgebaute Prominenz weg. Und es galt nicht nur, die Lebensunterhaltungskosten zu verdienen, sondern außerdem wollten die aufgelaufenen Kredite bedient werden.
Roman wechselte die Gastronomiebetriebe, doch die Arbeitsbedingungen waren überall gleich. Er unterhielt sich mit einem befreundeten Ehepaar, das seit vielen Jahren im Außendienst für einen Hersteller von Werbeartikeln tätig war und die Idee, mit einem Firmenauto zu den Kunden zu fahren, um ihnen die Produkte vorzustellen, gefiel ihm sehr.

Ich startete meine Karriere im Außendienst und schnupperte hier im Laufe der Jahre auch noch in andere Firmen rein. Mich zu motivieren lag mir gut, denn das selbständige Arbeiten hatten wir von klein auf gelernt. Ich war nicht der Beste aller Mitarbeiter, aber ich war fleißig. Wenn meine Kollegen mich angerufen haben und sich wunderten, dass ich bereits im Auto auf dem Weg zum Kunden war, dann war das für mich eine Selbstverständlichkeit. Für die anderen war es das anscheinend nicht. Während ich noch arbeitete, ruhten sie sich bereits auf dem Sofa aus. Ich fing früh an und hörte spät auf, schloss die Samstage mit ein und aus diesem Grund war ich auch rasch erfolgreicher als andere.

Die Nawrot Brüder konnten sich in ihren Jobs engagieren, da ihnen die Unternehmen das Handwerkszeug an die Hand gaben. Sie nutzten die Plattform, die ihnen zur Verfügung stand und konzentrierten sich ausschließlich auf den Vertrieb. Sie boten die Produkte den Kunden an, produzierten die Energy Drinks und Werbemittel ja nicht selbst.

Das machte den Unterschied und nahm uns den Druck. Es führte uns nicht wieder in dieses Hamsterrad, für alles verantwortlich sein zu müssen, wie es zu Zeiten der Musikschule war. Jetzt konnten wir uns auf unsere Stärken konzentrieren und die lagen im Vertrieb.

Es brauchte einige Monate, bis die Brüder verstanden, dass diese scheinbare Freiheit keine war. Sie waren durch das Angestelltenverhältnis limitiert und konnten nicht frei agieren. Ein hohes Fixum im Vertrieb, lukrative Provisionen, ein Firmenwagen, Handy & Laptop, Tankkarte und all die Dinge, die einem Sicherheit und Erfolg suggerieren sollen, bieten dieses eben nicht. Es gibt keinen UNBEGRENZTEN Spielraum nach oben. Du bist fleißig und motiviert, hast Erfolg und stößt an der Decke an... Und dann? Die Karrierechancen bleiben aus.
Und das, wo wir zwei solche Vertriebsmaschinen sind! Doch bis dato hatten wir nichts gefunden, das wirklich zu uns passt. ....

Bis zu dem Tag, an dem Roman und Manuel Nawrot im Münchner Hauptbahnhof eine freie Pachtfläche fanden, die ihren Traum der Unabhängigkeit wahr werden lassen sollte. Sie bewarben sich über das Immobilien-Portal für diesen Verkaufsraum, bekamen den Zuschlag und gründeten mit ‚City Dog' ihren ersten Hot-Dog-Imbiss... weitere sollten folgen.

Diese Zusage zu bekommen, war für uns wie ein Lottogewinn. Es war der 6er im Lotto plus Zusatzzahl, auf den wir all die Jahre gewartet und hingearbeitet hatten. Endlich sollte sich unser Leben ändern.

KAPITEL 04

IM ‚CITY DOG‘ GEFANGEN

IM ‚CITY DOG‘ GEFANGEN

Eine Hot-Dog-Bude im Münchner Hauptbahnhof!!! Diese Idee war genial. Bei diesem Menschenaufkommen an dieser stark frequentierten Stelle war hoher Umsatz garantiert. Die Brüder waren nicht mehr abhängig von den Vorgaben anderer, sondern als Unternehmer waren sie wirklich frei. Leider merkten sie schnell, welch Hirngespinsten sie aufgesessen waren.

Wir haben wieder den gleichen Fehler gemacht, wie bereits zuvor und wurden zum Verwalter und zu Administratoren unseres eigenen Geschäftes... quasi unseres ganzen Lebens. Und wir unterschrieben einen Mietvertrag, der uns zur Zahlung einer monatlichen Pacht verpflichtete, insgesamt waren es 60.000 Euro Miete pro Jahr. Geld für Angestellte hatten wir nicht. Wir mussten also sogar selbst noch in der sechs Quadratmeter kleinen Imbissbude stehen und verkaufen.

Im Mietobjekt gab es nicht einmal eine Toilette. Eine Sitzgelegenheit auch nicht. Sonnenlicht? Fehlanzeige. Es war zugig und kalt. Die Brüder wussten nicht, wie das Wetter war, während sie in der U-Bahnstation in ihrem Imbiss standen. Ab fünf Uhr morgens bedienten sie jeden einzelnen Kunden selbst, riefen sogar allen Fußgängern, die an ihrem Büdchen vorbeikamen, ein freundliches »Hallo« entgegen, um sie anzulocken. War der Imbiss geschlossen, blieb wenig Zeit für das Privatleben, denn es mussten Waren eingekauft und Abrechnungen gemacht werden.

Doch die Nawrot Brüder dachten groß. Sie planten von vornherein, dass es nicht bei einem Imbiss in München bleiben sollte. Die Vision der Geschwister sah vor, zig Filialen zu schaffen. Nur so ließe sich erreichen, wovon sie damals geträumt hatten: Vom Durchbruch, vom uneingeschränkten Erfolg, von der finanziellen Unabhängigkeit.
McDonald's, Subway, Starbucks, ... so groß wollten wir auch werden. Unsere Vision war es, eine deutsche Franchise-Hot-Dog-Kette zu schaffen, die sich mit ihren Standorten über das Land verteilte. ‚City Dog‘ sollte aus mindestens 300 Betrieben bestehen, das war unser Plan. Uns war klar, dass wir mit einem Geschäft starten mussten, um zu lernen und um dann weitere Läden duplizieren zu können. City Dog im Münchner Hauptbahnhof sollte lediglich der Grundstein für ein neues Franchisekonzept sein.
Bevor die Idee aus den Köpfen der jungen Männer in die Realität umgeformt werden konnte, erstickte der permanente Alltagsstress die Euphorie im Keim. Der Franchisegedanke rutschte in den Hintergrund, als die Brüder erlebten, mit wie viel Aufwand und Zeit ein einzelner Hot-Dog-Imbiss verbunden war.

Sie stellten eine Aushilfskraft ein, was allerdings Umsatzeinbußen bedeutete. Es ist nun einmal ein Unterschied, ob die Inhaber selbst in ihrem Geschäft arbeiten oder ob die Verantwortung in die Hände von Mitarbeitern gelegt wird.

Wir waren im Survival-Modus, anders können wir uns diese Situation von damals heute nicht erklären. Wir arbeiteten 18 Stunden am Tag an sieben Tagen in der Woche und das an 365 Tagen im Jahr.

DAS LEBEN DER SUPERREICHEN

In seinem Exklusiv-Spezial ‚Das Leben der Superreichen' nimmt einer der größten deutschsprachigen Fernsehsender den Zuschauer mit in die Welt der Schönen und Reichen und zeigt deutsche Millionäre und internationale Superstars in ihren glamourösen Domizilen. Die Serie geht der Frage nach, wer diese Menschen sind, die so viel Geld besitzen und zeigt auf, wie sie es zu diesem Wohlstand geschafft haben. Roman und Manuel Nawrot waren die größten Fans dieses Formats.

Wir haben die Sendungen nicht nur im Fernsehen geschaut, sondern auch auf Videokassetten aufgenommen und die Folgen liefen bei uns rauf und runter, schon als wir noch Jungs waren. Die Kassetten haben irgendwann so geeiert, dass wir sie gar nicht mehr abspielen konnten, so oft wurden sie im Player zurück gespult und wieder angeschaut. Die Reportagen haben uns so sehr motiviert und wir haben unseren Geist gefüttert und als wir all die Leute dort sahen, gab uns das einen neuen Hoffnungsschimmer und stärkte unseren Glauben, dass es doch irgendetwas da draußen in dieser Welt geben musste, mit dem sich Ergebnisse erzielen lassen, die uns eine finanzielle Freiheit und Unabhängigkeit bescheren würden. Es kann doch einfach nicht sein, dass wir so lange suchen, was andere finden, wir aber nicht.

Und wieder einmal eine neue Hoffnung.
Die Arbeit im Hot Dog Imbiss zehrte an den Nerven der Brüder. Als klar war, dass im Imbissbetrieb nicht die Zukunft liegt, sahen sie sich um und überlegten, wie sie sich aus diesem erneuten Hamsterrad befreien könnten. Ein Gefühl der Resignation machte sich breit, denn es ist frustrierend, wenn man ein Ziel unbedingt erreichen will, aber ständig auf dem falschen Weg ist. Jeder neue Versuch fühlte sich richtig an... bis es sich nach Wochen, Monaten oder auch erst Jahren wieder als falsch erwies. So einfach ließ sich die Existenz nicht aufgeben und schon gar nicht, wenn man an einen Pachtvertrag gebunden war.

In den Momenten, in denen es im Imbiss keine Kundschaft zu bedienen gab, schmiedeten die Brüder neue Pläne.

Was könnten wir machen?
Unabhängig voneinander überlegten beide, wie sich ihre gemeinsame Zukunft gestalten ließe. Und erstaunlicherweise lenkte sie das Schicksal in die gleiche Richtung. Manuel hatte die Sendung ‚Staubsaugervertreter Deluxe' im

Fernsehen geschaut und hier beschrieb ein erfolgreicher Unternehmer seinen Werdegang und stellte sein Geschäftsmodell vor.

Und der Mann suchte Mitarbeiter. So, wie er die Tätigkeit beschrieb, klang es nach genau der Lösung, nach der die Nawrots all die Jahre gesucht hatten. Manuel rief in der Firma an, informierte sich und vereinbarte einen Termin vor Ort – gleich für den darauffolgenden Montag. Dieses Geschäft wollte er sich mit seinem Bruder einmal genauer anschauen. Roman hatte die Fernsehsendung auch gesehen und er hat auch telefoniert – und hat für den Montag einen Termin ausgemacht. Verrückt!

Wir haben beide unabhängig voneinander das Gleiche gedacht und uns bei der gleichen Person gemeldet. Und wir hatten beide zuerst sogar Bedenken, es uns gegenseitig zu erzählen.

Zufall? Nein.
Schicksal? Sicher. Vor allem aber: Bestimmung!

Die Brüder ließen am darauffolgenden Montag die Rollläden am Imbiss etwas früher als sonst herunter, um pünktlich um 19 Uhr beim Opportunity Meeting in Stuttgart direkt in der Zentrale des Unternehmens zu sein. Mit ihrem letzten Geld füllten sie den Tank ihres alten Fiat Puntos und hatten auf der Fahrt vor allem die Hoffnung mit im Gepäck.

KAPITEL 05

DIRECT SELLING
– DER ERSTE KONTAKT

DIRECT SELLING
- DER ERSTE KONTAKT

NIMM DEINE TRÄUME ALS ANTRIEB, DEINE WÜNSCHE ALS WEGWEISER & FOLGE IMMER DEM KLEINEN KOMPASS IN DEINEM HERZEN.

Als die beiden Geschäftsführer die Brüder persönlich in Empfang nahmen, spürten sie sofort die Wertschätzung, die hier von ihren Gastgebern auf die Besucher über ging. Sie erinnern sich noch gut an diese besondere Aura, die sie wahrgenommen hatten und die ihnen ein außergewöhnlich gutes Gefühl gab.

Wir betraten den Raum und uns beiden war sofort klar, dass in diesem Umfeld alles – ALLES – möglich ist. Es war magic...da war diese Energie.

Heute beschreiben Roman und Manuel Nawrot das Gefühl von damals als familiär. Es war, als wären sie nach Hause gekommen. Sie waren willkommen und diese ehrliche Annahme von Seiten der Geschäftsführung strahlte Wärme, Vertrauen, Zuversicht und Sicherheit aus.

Wir waren überzeugt, noch bevor die Geschäftsvorstellung begann. Wir hatten noch nicht einmal das Produkt gesehen.

Der Geschäftsführer der Direct Selling Company führte das Opportunity Meeting seinerzeit selbst durch. Er erklärte den Markt und den Bedarf, sprach die Zielgruppen an und erläuterte das System und wie mit seiner Firma auf selbständiger Basis Geld verdient werden konnte. Und er stellte selbstverständlich das Produkt vor. Das Potenzial im Vertrieb lag ebenso auf der Hand wie die Tatsache, dass sich mit genau diesem Konzept die so langersehnte Unabhängigkeit erreichen ließe.

Es gab nicht eine Sekunde, in der wir diskutierten, hinterfragten oder zweifelten, denn alles, was uns vorgestellt wurde, war schlüssig und ergab einen Sinn. Wenn wir das, was uns an diesem Abend übermittelt wurde, genauso umsetzen, dann musste dieses Geschäftsmodell für uns die Lösung und damit der Schlüssel zum Glück sein.

Wir hatten das fehlende Puzzlestück gefunden.

Der Direktvertrieb mit Hebelwirkung war den Brüdern nicht neu, auch kannten sie Network Marketing, aber als ihnen an diesem Abend in Stuttgart die Vorteile des Systems zusammen mit diesem Nischenprodukt so anschaulich dargelegt wurden, da dachten sie neu. Und dass aus dem Unternehmen erfolgreiche Mitarbeiter hervorgegangen waren, zeigte sich an den Partnern, die den Anwesenden von der Bühne aus ihre Erfolgsgeschichten erzählten. Der soziale Beweis, dass es funktioniert, war für Roman und Manuel Nawrot das Tüpfelchen auf dem i. Wenn diese Leute das geschafft haben, dann gelingt ihnen das auch. Fleißig waren sie ja. Und ein hochvolumiges, modernes High-Tech-Lifestyle- Produkt, dessen Trend als Lebensqualitätsverbesserungs-Maschine erst noch kommen wird und das in seiner Art einzigartig und somit konkurrenzlos ist, kann ja nur zum Erfolg führen. Aber es war ein ganz spezieller Satz, der den Brüdern im Gedächtnis blieb und der maßgeblich dafür gesorgt hat, dass sie sich so sicher fühlten. Eh sind es diese Schlüsselsätze, die im Vertrieb so oft überzeugen.

Niemand kennt das Produkt, aber wenn man das System jemandem präsentiert, möchte er es unbedingt haben.

Außerdem hatten wir nichts zu verlieren. Vielmehr lag vor uns durch die hohe Anzahl an Haushalten in Deutschland, Österreich und der Schweiz sowie den vielen Gewerbebetrieben ein bis heute unabarbeitbarer Markt. Wir begriffen, welche Chance sich uns bot und verstanden, wie lukrativ High Ticket Direct Selling war. Denn mit einer kleinen Mannschaft lässt sich mit einem höherpreisigen Produkt schneller Volumen erzielen. Das Produkt ist einfach zu erklären, denn es basiert auf dem Ursache- und Wirkung-Prinzip, so gibt es für ein Problem eine Lösung. Problem und Lösung: Genau das decken wir mit unserem System ab. Jeder, der vor den Augen eines Interessenten eine Reinigung vornimmt, wird allein durch das Ergebnis – in unserem Fall ist es das verschmutzte Wasser – ein Staunen ernten. Und selbst sehen und erleben überzeugt. Das gilt für alle Bereiche des Direct Sellings, in denen Ergebnisse überzeugen.
Es stimmt. Nicht in allen Branchen lässt sich ein Resultat auf den ersten Blick erkennen.

Vor den Nawrot Brüdern lag in Deutschland, Österreich und der Schweiz ein Markt, der nur darauf wartete, erobert zu werden.
100 Millionen Menschen, 50 Millionen Haushalte und Millionen Gewerbebetriebe sowie Millionen von Menschen, die sich ein lukratives Nebeneinkommen aufbauen möchten. Auf Los geht's los...

KAPITEL 06

NEUSTART – GEGEN DEN STROM SCHWIMMEN

NEUSTART
– GEGEN DEN STROM SCHWIMMEN

Nachdem sich Roman und Manuel direkt am Abend der Geschäftspräsentation entschieden hatten, an der Seite des Direct Selling Unternehmens neue Wege einzuschlagen, sprachen sie mit dem CEO, um die Einstiegskosten zu erfragen. Sie waren es gewohnt, dass jede neue Selbständigkeit mit einer Investition verbunden war.

Eine Lizenz für solch ein Hammerprodukt muss hoch sein. Um Geld zu machen, braucht es Geld. Wir waren bereit, die Lizenz für Bayern zu erwerben – aber das brauchten wir nicht. Es gibt hier keinen Gebietsschutz und es hieß, wir könnten frei agieren.

Die Brüder fragten nach und der Firmenchef antwortete, dass ein Einstieg ab einer Summe von 37,42 Euro im Monat möglich ist. Für diesen Betrag gab es die Lizenz, das Produkt mit einem Verkaufskoffer als Starterkit sowie eine zweitägige Schulung für die Einweisung in die Details. Es ist dem Unternehmen wichtig, dass die Neustarter zu Fachberatern ausgebildet werden. Nicht zu vergessen: In dieser Summe war außerdem die Aussicht auf ein unlimitiertes und passives Einkommen enthalten.

Wir waren so begeistert, dass wir sofort unsere Begeisterung mit unserer Familie teilten. Wir konnten gar nicht glauben, welch großartige Möglichkeit sich uns jetzt endlich – nach all den Jahren – bot. Es gab keinen Haken, alles war perfekt.

Doch ihre Begeisterung steckte nicht jeden an.

Die Euphorie, mit denen die Jungs ihre neue Business-Idee, Staubsauber – besser ausgedrückt: Luft- und Raumdesinfektionssysteme – im Direct Selling zu verkaufen, teilten, wurde belächelt, als verrückte Idee abgetan und auch erinnerte man sie, dass sie doch einen Job hätten: Als Hot Dog Verkäufer im Münchner Hauptbahnhof. Es wundert nicht, dass sie von den Äußerungen der anderen unbeeindruckt blieben und sich nicht beeinflussen ließen.
Ablehnung kannten sie bereits in ihrer Laufbahn als Volksmusiker. Und wie sagte einst Mahatma Gandhi: »Zuerst ignorieren sie dich, dann lachen sie über dich, dann bekämpfen sie dich und dann gewinnst du.« Es endet in der Bewunderung – das sind die Phasen des Lebens und das ist der Weg zum Erfolg.

Wir wurden für verrückt erklärt, doch verrückt bedeutet eigentlich nur – wenn man dieses Wort in seine Einzelteile zerlegt –, dass du dich verrückst, also sozusagen in eine neue Bahn verrückst, einen neuen Weg einschlägst, eine neue Sichtweise annimmst. Ja, dann waren wir verrückt, denn diesen neuen Weg wollten wir gehen.

Schon immer schwammen die Nawrot Brothers gegen den Strom.

Wenn der Strom, nach dem die Masse der Menschen schwimmt, richtig wäre, dann wären ja alle Leute im Rentenalter finanziell unabhängig und frei. Ist nicht eher das Gegenteil der Fall? Die Menschen schwimmen mit dem Strom, obwohl sie genau wissen, dass sie später keine Freiheit und Unabhängigkeit erreichen werden. Natürlich ist diese Aussicht nicht für jeden erstrebenswert doch niemand sollte – nachdem er ein Leben lang hart gearbeitet hat – im Rentenalter in die Armut abrutschen. Das kommt heutzutage leider viel zu häufig vor.

Ihnen war klar, dass sie sich mit ihrem geschäftlichen Neustart noch mehr Stress aussetzten, denn der Imbissbetrieb lief gewohnt weiter. Wie die Nawrot Brüder so sind, machten sie auch hier Nägel mit Köpfen.
Nach dem Opportunity Meeting am Montag folgte am Mittwoch und Donnerstag die Grundschulung. Zeitgleich konnten sie die Ausbildung nicht absolvieren, denn einer musste ja im Imbiss bleiben. Sie brauchten den Umsatz zwingend.

Das Umfeld der Brüder bestand nicht nur aus Skeptikern und Zweiflern, sondern es gab auch Unterstützer. Und so war Daniel Eder (mittlerweile Nawrot) sofort mit von der Partie, als ihm sein Lebenspartner Roman vom neuen Geschäftsmodell erzählte. Daniel unterstützte die Brüder auch im City Dog, obwohl er als ausgebildeter Friseur keine Gastronomieerfahrung hatte.

Als Roman mit dem alten Punto den Weg von München nach Stuttgart auf sich nahm, um sich im Headquarter zum Fachberater ausbilden zu lassen, da freute er sich und war total motiviert. Als er dann jedoch den Karriereplan erklärt bekam und ihm das Konzept des Teamaufbaus bewusst wurde, da überlegte er, ob diese Herausforderung zu meistern war. Und als am zweiten Tag der Schulung die Allgemeinen Geschäftsbedingungen (AGBs) ausgehändigt wurden, da rief Roman seinen Bruder an, um sich abzusichern. Zu schmerzhaft waren die Erfahrungen aus der Vergangenheit und zu groß war die Angst, hier möglicherweise eine falsche Entscheidung treffen zu können.

Die Nawrot Brüder ergänzen sich perfekt, denn Roman ist das Herz und Manuel das Gehirn (natürlich haben beide Brüder beides :-)) und so brauchte es den rationalen Verstand des Jüngeren, um den Älteren zu bestätigen.

ES GIBT NUR ZWEI TAGE IM JAHR, AN DENEN MAN NICHTS TUN KANN. DER EINE IST GESTERN, DER ANDERE MORGEN. DIES BEDEUTET, DASS HEUTE DER RICHTIGE TAG ZUM LIEBEN, GLAUBEN & IN ERSTER LINIE ZUM LEBEN IST.

Beide unterschrieben und stiegen als unabhängige Vertriebspartner in ihrem Partnerunternehmen ein. Und gaben sich das Versprechen, dieses neue Business auf jeden Fall – OHNE WENN UND ABER – fünf Jahre lang durchzuziehen. Das war das Commitment.

‚ALL IN' UND IN DIE UMSETZUNG KOMMEN

DER EINZIGE WEG, GROSSARTIGE ARBEIT ZU LEISTEN, IST ZU LIEBEN, WAS MAN TUT.

Der Startschuss für den Neuanfang war gefallen und die Nawrot Brothers gaben Gas. So brachte Manuel zu seiner Einschulung mit Daniel (dem Lebensgefährten von Roman) und Kan, der ein Bekannter von Manuel war, 14 Tage später bereits die erste Direktlinie mit.... der Geschäftsbetrieb konnte beginnen. Roman und Manuel können sich gut präsentieren, sie sind redegewandt und wissen, was sie wollen und so war es nicht verwunderlich, dass nach der ersten Präsentation bereits das erste Produkt verkauft war und Roman schaffte es, dass ein zweites Gerät binnen weniger Tage folgte. Bei Manuel lief es nicht so gut.

Ich erinnere mich genau. Ich habe 31 Mal (!!!) in Folge vorgestellt und noch nicht einmal verkauft. 31 Mal rieten mir die Leute ab, dieses Business zu machen, weil es zu schwer werden würde und sie meinten, dass ich es nicht schaffen werde, mit diesem Produkt erfolgreich zu werden.

Hätte Manuel den Erfolg von Roman auf den Zufall oder das Glück geschoben, dann hätten sie die Flinte ins Korn geworfen, hätten das Geschäft nicht durchgezogen und wären heute nicht da, wo sie sind. Das Resultat daraus wäre auch, dass unzählige Menschen, die heute in der Struktur der Brüder sind, nicht die Chance bekommen hätten, mit einem innovativen Produkt und dem Geschäftsmodell Network Marketing ihr Leben zu verändern. Ursache und Wirkung. Jede Handlung hat eine Folge… positiv und negativ.

Wir haben einen großen Vorteil und der begleitet uns bis zum heutigen Tag. Wir lassen uns nicht demotivieren und wir überlegen auch nicht lange. Sind wir überzeugt, von dem, was wir tun, dann gehen wir ‚all in'. Wir marschieren los und tun alles dafür, damit unsere Idee fruchtet. In diesen Momenten lassen wir uns von nichts und niemandem aufhalten. Das half uns, jeden, den wir kannten – JEDEN – anzusprechen.
Absagen, Ablehnung und Kopfschütteln schreckten uns nicht (mehr) ab. Wir sprachen alle Leute auf dieses Business an – ausnahmslos!

Der beste Tipp ist, das Gehirn in das Handschuhfach zu legen, nicht nachzudenken, sondern einfach zu tun. Und dazu gehört es, jeden anzusprechen.

Nicht überlegen, sondern machen, was einem vorgegeben wird – das ist die Macht des Direct Sellings.

Theoretiker haben in unserer Branche keine Chance. Sie lernen ganze Bücher auswendig, kennen bei Nahrungsergänzungsmitteln die Inhaltsstoffe und studieren bei unserem Produkt die technischen Details. Das ist unnötig, das funktioniert in der Praxis nicht.

Learning by doing ist der Schlüssel zum Erfolg. Wer zig Mal überlegt, wie er im Schwimmbad auf den Zehnmeterturm steigt und hinunter schaut, dann noch das Wasser analysiert, um dann zu überlegen, wie genau er vom Turm hinunter springt, baut unbewusst Blockaden auf. Badehose an, die Stufen zum Turm hochklettern und springen – so einfach ist das. Es ist die Aktion, die zählt.

THINK BIG!

Es hat sich im Network Marketing etabliert, dass Interessenten und potenziell neue Partner nach ihren Wünschen und Träumen gefragt werden. Sind es gesundheitliche Probleme, bei denen die Produkte helfen können oder ist es die Unzufriedenheit im Job, die zur Veränderung drängt? Ein guter Networker fragt nach und hat für jedes Problem die Lösung parat – und das können sowohl die Produkte als auch die Geschäftsmöglichkeit sein – oder beides. Warum geben sich so viele Leute überhaupt ihrer Gegenwart hin, obwohl sie unzufrieden sind und sich eine Veränderung wünschen? Hoffen sie, dass sich die Zeiten ändern und dass ihr Arbeitgeber von sich aus mehr Gehalt überweist, mehr Freizeit gewährt und größere Verantwortung überträgt? Nein. Das wird nicht passieren. Jeder ist seines Glückes Schmied und so ist jeder für sich selbst verantwortlich und nur, wer sich aus eigener Kraft heraus verändert, der kann Veränderung im Außen erwarten.

Es ist der Leidensdruck, der Menschen immer mehr antreibt, als ein Dreamboard, das über dem Schreibtisch oder dem Bett hängt. Wenn du einen Leidensdruck verspürst, also einen Schmerzpunkt hast, dann wird dich dieser immer stärker zur Veränderung drängen, als es ein noch unerfüllter Wunsch je könnte. Sobald es vom reinen Überleben in die absolute Krise geht, kriegen die Leute ihren Arsch wieder hoch, sind aktiv und merken, dass sie etwas tun müssen. Und sobald das Konto wieder etwas gefüllt ist, wiegen sie sich in Sicherheit, verharren in der Bequemlichkeit und lassen ihr Geschäft schleifen. Wenn die Krise kommt, steigt die Aktivitätskurve wieder an... und sinkt nach erfolgter Provisionsauszahlung wieder ab. Wir haben das tausend Mal erlebt....

Das ist die Realität.

Es gibt in dieser Branche zwei unterschiedliche Ansichten. Die einen sagen, dass ein ‚hin zu' – also der Weg zu einem Ziel, einem Wunsch, einem Traum – ein großer Antrieb sein kann. Die anderen sagen, dass es das ‚weg von' braucht, um zur Höchstleistung aufzulaufen. Die Nawrot Brüder wissen, dass es der Schmerz ist, der antreibt. Sie selbst haben erlebt, wie sich genau das anfühlt. Sie wollten aus ihrem Imbissbetrieb ausbrechen, aber sie brauchten eine Alternative, um leben – überleben – zu können.

Aber was ist zielführend?

WACHSTUM, STÄRKE & LIEBE SIND UNSERE WAHRE NATUR. UND DIESE 3 DINGE SIND GEMACHT FÜR EIN WUNDERVOLLES LEBEN, EGAL WAS AUCH IMMER GERADE UM UNS HERUM IN DER WELT GESCHIEHT.

Es bringt doch nichts, sich im Leben immer zwischen Krise und Survival – also im Zustand des Überlebens – zu befinden. Die Anregung ist doch vielmehr, aus diesem Teufelskreis auszubrechen, um sich und seine Familie in Sicherheit zu wissen. Genau in dem Moment, in dem es gut läuft, sollte weiter gemacht werden. Stattdessen ist die Mentalität vieler Menschen so, dass sie sich ausruhen, wenn es gut läuft.

Leider ist es in dieser Branche ganz oft so, dass Führungskräfte – nachdem sie erfolgreich eine Organisation aufgebaut haben – nur noch damit beschäftigt sind, ihre Partner zu verwalten. Wer als Führungskraft nur noch von außen seine Struktur betreut und zusieht, wie das eigene Team im selben Boot sitzt, rudert, schwitzt und arbeitet, ist als Leader raus aus dem Feld und verwaltet seinen Untergang.

Bis heute rudern die Nawrot Brüder mit ihrer Downline im gleichen Boot. Ein Häuptling entfernt sich niemals von seinem Stamm. Und da sich die Leute nicht für dumm verkaufen lassen, wollen sie natürlich eine Führungskraft, die mit ihnen an der Front kämpft, die mit im Spielfeld steht und die vorlebt, wie der Geschäftsaufbau funktioniert. Nur, wer als Kapitän mit seiner Mannschaft zusammen ist, weiß, wie der Hase läuft und so kann den Nawrots niemand etwas vormachen, denn sie haben ihr Business nicht nur selbst von der Pike auf gelernt und von Null aus aufgebaut, sondern sie sind auch bis zum heutigen Tage ‚draußen an der Front'. Und so haben sie immer noch Endkundentermine, um einen Eigenumsatz zu erzielen, denn sich nur auf das Team zu verlassen, das wollen sie nicht. Es gab einen Grund, weshalb der Inhaber seinerzeit selbst das Opportunity Meeting durchgeführt hat. Das Konzept der Firma sieht vor, weiterhin aktiv zu bleiben – immer, unabhängig von der Position (und Provision).

Wir nehmen uns für jeden aus unserer Downline Zeit und würdigen sein Engagement. Jeder Partner ist für uns gleichwertig. Wir sind für Fragen da und helfen immer, wenn wir können. Die Menschen vertrauen uns und deshalb ist es uns auch wichtig, zu wissen, wovon wir sprechen.

Und das funktioniert nur, wenn wir selbst erlebt haben, was wir erzählen.

Wir kennen das aus der Direct Selling Branche: Es gibt so viele Erfolgscoaches, die schulen, wie man erfolgreich wird, es aber selbst noch nie in einem Unternehmen an die Spitze geschafft haben.
Dabei ist es so einfach: Es reicht aus, wenn man sich anschaut, wie die Führungskräfte im eigenen Unternehmen arbeiten und wie sie ihre Erfolge erzielt haben. Wer sich jemanden zum Vorbild nimmt, der schon das erreicht hat, was man selbst erreichen möchte, kann sich das Geld für teure Ausbildungen und externe Coachings sparen.

Ihr müsst nur denjenigen folgen, die euch die Fußstapfen bereits geebnet und die Straße planiert haben. Copy and paste – mehr ist das nicht!

KAPITEL 07

GROSS DENKEN

GROSS DENKEN

18 Monate lang liefen der Imbissbetrieb und der Aufbau des neuen Geschäftes parallel. Auf dem Dreamboard der Brüder war dick vermerkt, im Karriereplan nach oben zu kommen. Das war das Ziel. Sie druckten sich den Karriereplan aus und markierten die einzelnen Etappenziele mit dem genauen Datum detailliert auf dem Papier. Außerdem waren sie sich einig, dass sie den Karriereplan nach dem Einstieg in einem Zeitraum von zweieinhalb Jahren komplett durchlaufen wollten. Zu diesem Zeitpunkt wussten sie nicht, dass dieses noch niemand in der zwanzigjährigen Historie der Firma weltweit erreicht hatte. Und als sie es dann wussten, hielten sie an ihrem Ziel fest. Es war ein zusätzlicher Ansporn.

Natürlich war diese Doppelbelastung enorm, denn der Hauptjob war der Imbiss, nebenbei wurde die Zukunft aufgebaut und dann gab es noch die Familie und all die Verpflichtungen, die ein Leben so mit sich bringen. Aber die Nawrot Brüder sind diese Extrameile gegangen und das sogar über einen Zeitraum von mehr als zwölf Monaten. Roman erinnert sich noch genau an eine ganz besondere Situation...

Manuel lief ganz nervös vor und zurück vor unserem Imbiss und es war nicht zu erklären, weshalb er so aufgeregt war. Er hatte ein Telefonat mit dem CEO unseres Partnerunternehmens und zu dieser Zeit äußerte er Bedenken, seinen Job zu kündigen, denn zu groß war die Angst, im Nichts zu landen und nicht zu wissen, wie der Lebensunterhalt bezahlt werden sollte.

Zu dieser Zeit ging Manuel nicht nur seinen Verpflichtungen im Imbissbetrieb nach, sondern er behielt auch seinen Job im Vertrieb, um ein sicheres Einkommen auf mehreren Säulen aufzubauen. Trotz der Erfolge, die sich im Partnerunternehmen binnen weniger Wochen und Monate einstellten, traute er sich nicht, sein festes Standbein aufzugeben. Manuel haderte so sehr mit sich, diesen Job zu kündigen, um ein anderes Business in Vollzeit zu arbeiten (während Roman den Imbissbetrieb aufrecht erhielt), dass ihn diese Situation in die Unruhe trieb. Bis sich die Erfolge als nachhaltig und dauerhaft erwiesen.

Wir haben es hinbekommen. Nach ungefähr einem Jahr hatten wir nebenberuflich einen Umsatz von rund 300.000 Euro monatlich und das signalisierte uns klar, dass im Hauptjob viel mehr möglich wäre. Und all das ließ sich ohne

Angestellte, ohne Pachtverträge, ohne Büro und Verwaltungsaufwand und monatliche Fixkosten realisieren. Und vor allem auch ohne Kopfschmerzen und dem Gefühl, im Hamsterrad gefangen zu sein. Um diesen aktuellen Umsatz zu erreichen, hätten wir ein ganzes Jahr lang 18 Stunden am Tag an sieben Tagen in der Woche Hot Dogs verkaufen müssen.

Das regte zum Nachdenken an und motivierte zur Veränderung.

GLAUBE AN DICH, FOLGE DEINEM HERZEN, SEI MUTIG, VERTRAUE AUF DEINE STÄRKEN, GENIESSE DIE KLEINEN DINGE & HÖRE NIEMALS AUF ZU TRÄUMEN.

Die Gegebenheiten waren eh schon kurios, denn das Vertriebsgeschäft nahm immer mehr an Fahrt auf und so nahmen die Brüder Kunden und Geschäftspartner am Imbiss in Empfang, um ihnen Ware auszuhändigen. Das war schwierig, da der Imbiss nur wenige Quadratmeter groß war. Utensilien zur Raumreinigung stapelten sich neben Serviettenboxen und Ketchupflaschen.

Ab diesem Zeitpunkt war uns klar, dass wir den Hot Dog Betrieb nicht weiterführen wollten und so suchten wir einen Nachfolger, den wir glücklicherweise schnell fanden. Es war Petra, die Mutter von Daniel, die den Kontakt zu unserem Nachmieter herstellte und wir sind ihr bis heute dankbar, dass sie uns quasi aus unserer Misere ‚befreite'...

Eine kuriose Episode aus dem Leben der Brüder sollte hier auf jeden Fall noch erzählt werden:

Wir saßen bei unserem Steuerberater, der eine der erfolgreichsten Kanzleien in Bayern führt, und sprachen mit ihm die Betriebswirtschaftliche Abrechnung (BWA) des Hot Dog Betriebes durch. Er runzelte die Stirn, denn die Zahlen sahen nicht gut aus und zeigten ein Minus von 5000 Euro an. Jede Investition in die Ausstattung verschlang den Gewinn. Aber Maschinen und Geräte wurden gebraucht und mussten repariert oder neu gekauft werden. Es war frustrierend zu erleben, dass wir 100 Stunden gearbeitet hatten, am Monatsende dann aber doch nichts übrig bleibt. Er holte unsere zweite Abrechnung hervor, warf einen Blick auf die Zahlen, strich sich verwundert mit der Hand über die Stirn und entschuldigte sich, weil er das Büro kurz verlassen müsse, um mit seiner Mitarbeiterin den Fehler in der Abrechnung zu klären. Er kam wieder – und es gab keinen Fehler in der BWA. Wir hatten mit unserem Nebenjob im Network Marketing ein Monatseinkommen von

36.800 Euro erzielt – und wir selbst waren ganz überrascht. Wir waren so eifrig dabei, unseren Alltag im Imbiss zu meistern und zeitgleich das neue Geschäft aufzubauen, dass wir gar nicht in unser Backoffice geschaut hatten, um zu gucken, wie hoch die Provisionen waren. Unser Modus war Fokus!

Roman muss immer noch lachen, wenn er daran denkt, dass er bestimmt ein Jahr lang gar nicht wusste, wie er sich in das Backoffice einloggt, um zu schauen, um wie viel Partner die Struktur angewachsen war und auf welche Summen sich die Umsätze und Provisionen belaufen. Aber das war letztlich auch egal. Sie haben gearbeitet, denn es gab nur ein Ziel:

Wir wollten auf die andere Seite des Lebens kommen. Es gibt diesen Spruch: So lange die Klugen überlegen, stürmen die Dummen die Burg. Das heißt nicht, dass wir zu den Dummen gehören, aber es hieß für uns: Machen!

HERAUSFORDERUNGEN MEISTERN

Es läuft nicht alles glatt auf dem Weg nach oben. Kurz bevor die Nawrot Brothers ihren City Dog Imbiss aufgeben konnten und ihr Vertriebsteam weiter wuchs, stand ein Opportunity Meeting in einem noblen Fünf Sterne Hotel in München auf dem Programm. Die Brüder zogen ihre schicksten Anzüge an, befestigten ihre Pins, die sie für das bereits Erreichte erhalten hatten, am Revers, und freuten sich auf neue Interessenten sowie auf den Austausch mit anderen Erfolgshungrigen. Sogar die nationale und internationale Führungsriege der Company kündigte sich an. Für die Zeit, in der sie selbst nicht im Laden sein konnten, beschäftigten sie einen Mitarbeiter, der so lange die Stellung hielt. Gegen 23 Uhr beschlich die Unternehmer ein ungutes Gefühl und sicherheitshalber fuhren sie nach dem Meeting noch einmal am

Hauptbahnhof vorbei. Als sie vor dem Imbiss standen und auf den geschlossenen Rolladen schauten, stockte den Brüdern der Atem. Sie sahen, dass sich vor dem Rollgitter eine große Flüssigkeitslache gebildet hatte. In den Abendstunden musste der gesamte Inhalt der Slush Eismaschine ausgelaufen sein. Oh nein, der Mitarbeiter hatte beim Schließen des Geschäftes den Stecker gezogen und somit das Stromnetz unterbrochen. Die klebrige Zuckermasse formte sich zu einer großen Pfütze auf dem Boden mitten im Hauptbahnhof und die Fußspuren deuteten darauf hin, dass schon etliche Passanten hindurch marschiert waren.

Roman und Manuel Nawrot waren zusammen mit Daniel schlagartig wieder in ihrer Realität angekommen – und sie hatten keine andere Wahl. Mit in Wasser getränkten Schwämmen und Putzmitteln ausgestattet, knieten sie mitten in der Nacht auf allen Vieren in ihren schönen Business-Outfits auf dem Boden des Münchner Hauptbahnhofes, um diesen zu reinigen.

Nach nur zwei Stunden Schlaf, waren sie wieder vor Ort, um den Imbissbetrieb für den folgenden Tag vorzubereiten und um den Rolladen hochzuziehen, damit in den frühen Morgenstunden erste Hungrige Hot Dogs kaufen konnten.

Dieses frustrierende Erlebnis war schon kurze Zeit später als Niederschlag abgehakt, denn der Blick richtete sich ausschließlich nach vorn. Es war keine Zeit für negative Gedanken…

START SMALL, GROW BIG

Unternehmer bringen in den meisten Fällen eine gewisse Risikobereitschaft mit und diese ist oft maßgeblich für den Erfolg. Die Risikobereitschaft ist vor allem dann wichtig, wenn es darum geht, etwas Neues auszuprobieren oder von alten Pfaden abzuweichen, um neue zu entdecken. Wenn es jedoch darum geht, ein Einkommen zu generieren, dann liegt der Fokus eher auf der Sicherheit. So, wie es die Nawrot Brüder gehandhabt haben, so empfehlen sie es auch innerhalb ihres Teams.

Unser Geschäft kann immer klein gestartet und nebenberuflich umgesetzt werden. Wenn abzusehen ist, dass regelmäßig ein gewisser Umsatz erzielt wird, der für einen bestimmten Verdienst sorgt, lässt sich darüber nachdenken, aus dem Nebenjob einen Hauptberuf zu machen. Zum Beispiel könnten das sechs Monate am Stück sein, in denen man kontinuierlich am Aufbau seines Business arbeitet. Diese Zeit bietet nicht nur die Möglichkeit zu schauen, ob die Umsätze stabil bleiben oder sogar steigen, sondern es zeigt sich auch, ob einem die Tätigkeit Spaß macht.

Wer zum Beispiel im Direct Selling die gleichen Einnahmen erzielt, wie im Hauptjob, kann sich ausrechnen, welche Umsätze und Provisionen möglich wären, wenn er seine komplette Arbeitszeit dem Geschäftsaufbau widmet. Viele Leute wollen immer schnell zu viel.

ES GEHT NICHT UM DAS, WAS WIR BEKOMMEN. SONDERN DARUM, WER WIR WERDEN, WAS WIR ZUM LEBEN ANDERER BEITRAGEN...DAS GIBT UNSEREM LEBEN WIRKLICH EINE BEDEUTUNG.

Unsere Philosophie baut auf der Beständigkeit auf und mittlerweile müsste jeder, der einmal in die Branche hinein geschnuppert hat, wissen, dass es sich beim Direct Selling nicht um eine schnell reich werden Methode handelt, wenn auch manche Leute da draußen genau das vermitteln. Erfolg ist immer mit harter Arbeit verbunden und braucht Zeit und es ist auch nicht jeder zum Top-Verkäufer geboren. Daher darf man gerne ausprobieren, prüfen und dann entscheiden...

KAPITEL 08

LOYALITÄT, LEIDENSCHAFT & EISERNE DISZIPLIN

LOYALITÄT, LEIDENSCHAFT
& EISERNE DISZIPLIN

Mit keiner einzigen Träne weinten Roman und Manuel Nawrot ihrem City Dog Imbiss nach, als der Pachtvertrag vom neuen Betreiber übernommen wurde. Ihr Ausflug in die Gastronomie sollte genau hier ein Ende finden.

Dieses Gefühl der Freiheit war unbeschreiblich und überhaupt war es das erste Mal in unserem ganzen Leben, dass wir uns wirklich frei, vollständig frei und ohne Druck und Verpflichtungen, fühlten. Dieses Freiheitsgefühl wurde noch getoppt von dem Wissen, ein hohes Einkommen erzielen zu können. Es gab keine Auflagen, keine Begrenzungen, kein Limit, hier werden wir für unsere Arbeit belohnt, unser Fleiß wird honoriert. Wir können jeden Tag das tun, was uns Spaß macht und wir verdienen noch richtig viel Geld dabei. Wir sind unabhängig von einem Ort und der Zeit und all das zusammen ist besser, als jeder Lottogewinn.

Wir schauten ab, wie Führungskräfte in unserer Branche erfolgreich geworden sind und wie sie arbeiten und wir erfanden das Rad nicht neu. Wir mussten uns nur unseren CEO zum Vorbild nehmen, denn er hatte geschafft, wovon wir träumten.

30 Monate nach der Entscheidung, im Direct Selling Business erfolgreich zu werden, kam plötzlich von den Inhabern des Partnerunternehmens ein Anruf: „Herzlichen Glückwünsch Roman und Manuel, ihr habt heute die erste Million Euro gesamt an Provisionen auf euer Bankkonto ausgeschüttet bekommen." Die Brüder waren zum damaligen Zeitpunkt in einer Art fokussiertem Momentum, dass sie diesen Anruf nicht einmal richtig wahrgenommen und verinnerlicht haben. Sie bedankten sich für die Information, beendeten das Telefonat und fuhren zu Ihrer nächsten Geschäftspräsentation.

DURCH LOYALITÄT, LEIDENSCHAFT, EISERNER DISZIPLIN, BEHARRLICHKEIT & ABSOLUTEN FOKUS HABEN WIR IMMER AN GROSSE ZIELE IN UNSEREM LEBEN GEGLAUBT UND DIESE NIEMALS AUS UNSEREN AUGEN VERLOREN.

DENKE IMMER DARAN, EGAL WO AUCH IMMER DU IM LEBEN AKTUELL STEHST, ES GIBT EINEN WEG, UM AUS SEINEM LEBEN EIN ABSOLUTES MEISTERWERK ZU MACHEN.

HÖRE WIRKLICH NIEMALS AUF AN DICH, DEINE TRÄUME & AN DEINE FAMILIE ZU GLAUBEN, DENN DU HAST ES VERDIENT, ALLES IN DEINEM LEBEN ZU ERSCHAFFEN, WAS DU DIR AUCH IMMER IN DEINEM HERZEN VORGENOMMEN HAST.

Als wir vor zehn Jahren in die Direct Selling Branche eingestiegen sind, da war es außergewöhnlich, wenn eine Führungskraft 100.000 Dollar im Monat verdiente. Es gab weltweit einige wenige Top Leader aus den bekannten großen Firmen, die das erreichten und damit die Millionen Einkommensgrenze pro Jahr knackten. An diesen Personen orientierten sich Vertriebspartner gern. Heutzutage hat sich das Blatt so gewendet, so dass die besten High Income Earner der Branche eine Million Dollar und mehr monatlich erzielen. Direct Selling ist schon lange kein Geheimtipp mehr. Der Direktvertrieb boomt und er stellt für viele Menschen weltweit die beste, ehrlichste, stabilste und lukrativste Geschäftsmöglichkeit des 21. Jahrhunderts dar.

Direct Selling Companys sind mittlerweile so aufgestellt, dass sie automatisierte Prozesse nutzen, um ihre Vertriebspartner rund um den Globus zu bedienen. Und diese profitieren von einer schnellen Abwicklung und einem zügigen Versand und bekommen modernste Tools mit an die Hand, die Marketing-Bausteine beinhalten, die ihnen helfen, ihren Geschäftsaufbau zu boostern. So verfügt jeder Partner beispielsweise über einen eigenen Online-Shop (mit personalisiertem Link) sowie Videos und Webinare, Flyer... und vieles mehr.

Der Direct Seller geht keinerlei Risiko ein, wenn er startet. Es bedarf keiner (hohen) Investition (je nach Unternehmen muss gegebenenfalls eine Lizenzgebühr bezahlt oder ein Starterset erworben werden), doch er bekommt ein schlüsselfertiges Konzept an die Hand, mit dem sofort (!) entweder durch den Produktverkauf oder das Registrieren neuer Vertriebspartner, deren Leistung dann über den Vergütungsplan entsprechend verprovisioniert wird, Geld verdient werden kann. Da am Teamaufbau und somit am Umsatz der gesamten Struktur mitverdient werden kann, ist der Aufbau eines passiven Einkommens möglich und das generiert langfristig ein Einkommen, auch, wenn der Partner selbst gerade nicht aktiv ist.

Wer sich für ein Unternehmen entscheidet, sollte darauf achten, dass es sich in seiner Einzigartigkeit von anderen abhebt, also zum Beispiel durch ein Produkt, das ein Alleinstellungsmerkmal besitzt.

Zeit und Geld halten die Menschen davon ab, ihre Träume zu realisieren. Entweder haben sie keine Zeit oder kein Geld – oder ihnen fehlt beides. Erfolgreiche Direct Seller verfügen über beides, denn das Geschäftsmodell baut darauf auf, als selbständige Unternehmer der Zeit gegen Geld Falle zu entkommen und das Hamsterrad hinter sich zu lassen. Wer hier einige Jahre richtig Gas gibt, profitiert von diesem Engagement langfristig und nachhaltig und zwar nicht allein durch das passive Einkommen, das erzielt werden kann, sondern vor allem von der Tatsache, dass er anderen Menschen hilft. Das kann sowohl auf der Ebene der Gesundheit sein, da sehr viele Network Marketing Unternehmen im Beauty & Health Bereich aktiv sind und hier Produkte anbieten, die die Lebensqualität der Nutzer / Anwender nachweislich verbessern, sondern eben auch auf der Ebene der Finanzen. In keiner anderen Branche sonst können Menschen jeglichen Alters ohne berufliche Qualifikation oder Voraussetzung mit und ohne Erfahrungen ab Tag eins Geld verdienen?! Dieses Business erlaubt es jedem, erfolgreich zu werden, denn hier wird der Fleiß belohnt, nicht die Ausbildung.

Tag eins ist immer der Start, die Vergangenheit zählt nicht. Wichtig ist nur, was du in der Zukunft willst.

ALLE TRÄUME KÖNNEN WAHR WERDEN, WENN WIR DEN MUT HABEN, IHNEN ZU FOLGEN.

GLAUBE AN DICH UND DEIN POTENTIAL & DU WIRST ALLES ERWÜNSCHTE IN DEINEM LEBEN ERSCHAFFEN.

Wir waren ja auch ehrlich begeistert, als wir verstanden hatten, welche Vorteile uns dieses Geschäftsmodell bietet und so fiel es uns gar nicht schwer, diese Begeisterung nach Außen zu tragen und mit anderen zu teilen. Und irgendwann waren wir nicht mehr die Jungs, die in ihrer Tracht als ‚Gestiefelte Kater' belächelt wurden und aus den Hot Dog Verkäufern, die mühsam versucht hatten, ihren Lebensunterhalt zu sichern, sind Vorbilder geworden. Wir wuchsen zu Führungskräften heran, erzielten Erfolge, fuhren schickere Autos als bisher und konnten anderen Menschen aufzeigen, wie auch sie den Weg zum Erfolg einschlagen können. Wir standen als Familie auf der Bühne und jeder im Publikum konnte spüren, dass unser Enthusiasmus aus dem Schmerz geboren war. Wir haben immer im entscheidenden Moment auf unser Herz gehört und genau, wie uns unser Herz oft gesagt hat, dass wir nicht den richtigen Weg eingeschlagen haben, so haben wir auf einmal gewusst, gespürt, gefühlt, dass wir die richtige Entscheidung getroffen haben. Höre auch du immer auf dein Herz und vertraue deiner Intuition.

Wir meinten – und meinen – es immer ehrlich mit all den Männern und Frauen, die uns ihr Vertrauen schenkten und schenken, denn wer an uns glaubt, an den glauben wir auch. Vielleicht machen unser Urvertrauen in unsere Fähigkeiten als Unternehmer und unsere Bodenständigkeit unseren Erfolg aus. Wir sind nie innerhalb der Branche gewechselt und mit vielen Partnern aus unserem Team arbeiten wir seit vielen Jahren eng zusammen und auch hat sich zu unserem CEO und seiner Ehefrau eine enge Freundschaft entwickelt. Wir sind loyal und wir stehen zu unserem Wort. Man kann sich auf uns verlassen… vielleicht ist das ein Pluspunkt, den es in der Branche auch nicht immer gibt.

Im Direct Selling und Network Marketing und somit auch in unserem Team entscheidet jeder selbst, wie viel er verdienen möchte und in welcher Geschwindigkeit das geschehen soll. Wir erzeugen Sog, keinen Druck. Auch entscheidet jeder selbst, ob er sich verstärkt auf den Produktverkauf oder den Teamaufbau konzentrieren will – oder bestenfalls beides. In der heutigen Zeit, in der die Arbeit im Homeoffice einen hohen Stellenwert eingenommen hat, und in der wir wirtschaftlich unsicheren Zeiten entgegensehen, sind viele Menschen motiviert, sich zu ihrem Plan A – also dem regulären, bis dato sicher erscheinenden Hauptjob – einen Plan B in Form eines Nebenverdienstes aufzubauen.

IT'S NOT WHERE YOU START – IT'S WHERE YOU FINISH

Bei uns im Team ist jeder willkommen. Wir erwarten aber auch den Willen zum Erfolg.

Roman und Manuel Nawrot arbeiten mit den Menschen zusammen, die wirklich wollen. Sie erwarten, dass sich ihre Partner den Karriereplan der Company ausdrucken und genau markieren, wann sie welche Stufe auf der Leiter des Erfolgs erreichen wollen. Gemäß ihres Training Action Plans gehen planen sie konkret, welche Schritte es braucht, um gewünschte Resultate zu erzielen. Die Begriffe ‚versuchen' und ‚hoffen' werden aus dem Wortschatz gestrichen, denn an der Seite der Nawrots gibt es keinen Versuch, sondern ein Tun und die Hoffnung weicht dem Glauben – dem unbedingten Glauben an sich selbst, seine Fähigkeit, kombiniert mit dem Wissen, dass man es schaffen kann.

KAPITEL 09

DIE MACHT DER PRÄSENTATION UND DUPLIKATION

– GESCHÄFTSVORSTELLUNGEN

DIE MACHT DER PRÄSENTATION UND DUPLIKATION

– GESCHÄFTSVORSTELLUNGEN

Heutzutage sind die Möglichkeiten unbegrenzt, denn nicht nur Ländergrenzen sind geöffnet, auch lässt das Internet ein Arbeiten von überall aus auf der Welt zu – vorausgesetzt, Smartphone, Tablet oder Laptop sind mit dabei und die Internetleitung steht. Da die Nawrot Brüder jedoch ein System vertreiben, das etwas Erklärung benötigt und natürlich auch vorgeführt werden will, setzten sie trotz aller Gelegenheiten, die das World Wide Web heute bietet, auf den persönlichen Kontakt. Network Marketing ist als Geschäft von Menschen für Menschen konzipiert und es sollte auch von Mensch zu Mensch gearbeitet werden. Bei den offline Events werden absolute Rockstars in der Direct Selling Branche geboren. Dort sehen die Vertriebspartner den sozialen Beweis live und in Farbe, dass wirklich jeder es schaffen kann. Solche Meetings führen von einer Hoffnung in einen absoluten felsenfesten Glauben! Die positive Energie ist ansteckend und kann mit keinem einzigen Online-Webinar in dieser Weise erzeugt werden. Selbstverständlich darf sich der neuen Medien bedient werden, denn Content auf Social Media liefert neue Kontakte, sorgt dafür, nicht in Vergessenheit zu geraten und Spaß macht das Posten von Neuigkeiten auch, aber beim Geschäftsaufbau führt kein Weg am persönlichen Gespräch vorbei. Für die Nawrot Brothers waren es vor allem die Open House Veranstaltungen (Geschäftsvorstellungen), die sie so schnell haben wachsen lassen und die bis heute ein Garant für Erfolg sind.

Die Events waren unser Durchbruch und erweisen sich auch heute noch als überaus wichtig für den Teamaufbau. Einhundertprozentig!

ERFOLG IST KEIN GLÜCK.

ES IST ÜBER JAHRELANGE FOKUSSIERTE & HARTE ARBEIT. GLAUBE AN DICH & DEINEN TRAUM UND LASS DIR VON NIEMANDEN EINREDEN, DASS ETWAS NICHT FUNKTIONIEREN WIRD.
DENKE IMMER DARAN, ALLES IST MÖGLICH...

Roman und Manuel Nawrot lebten von Kindesbeinen an als Vagabunden und waren Auftritte vor Publikum gewöhnt. Sie wussten, wie Termine vereinbart und Veranstaltungen durchgeführt werden und sie hatten keine Scheu, lange Autofahrten in Kauf zu nehmen, um an einem anderen Ort Menschen von sich und ihrer Idee zu begeistern. Der Unterschied bestand lediglich darin, dass sie nicht mehr mit ihren Eltern, sondern alleine oder mit den Lebenspartnern anreisten und dass keine Musikinstrumente im Gepäck verstaut waren, sondern Reinigungssystem und geschäftliche Unterlagen. Was früher die Auftritte und Tourneen waren, ist zu Kundenterminen, Partnermeetings und Geschäftspräsentationen geworden. Sie selbst ließen sich damals auf einer Geschäftspräsentation für das Business begeistern, also wussten sie, dass sie live und vor Ort andere Menschen auch begeistern können. Und wer im Direct Selling Großes erreichen möchte, der muss jede kleinste Chance nutzen, um neue Interessenten zu finden. Wer jemanden in Hamburg kennenlernt, fährt also nach Hamburg, um das Geschäft vorzustellen und das Produkt zu zeigen. Nur eine E-Mail mit einem Link zum Shop zu versenden, in der Hoffnung, der Empfänger klickt und tätigt einen Kauf, ist in den meisten Fällen wenig zielführend.

Die Zeit für Gespräche, Treffen und Präsentationen muss zum Start des neuen Geschäftes von vornherein einkalkuliert werden, auch wenn sie schlimmstenfalls vergeudet war. Doch vergeudet lässt sich gar nicht sagen, denn jedes Nein ist ein Stück näher dran an einem Ja und jede Ablehnung hat einen Lerneffekt. Werden ein Termin vereinbart oder eine Präsentation anberaumt, dann ist im Vorfeld nicht klar, ob das Resultat ein neuer Kunde ist oder ein weiterer Partner im Team – oder gar nichts. So ist das Geschäft. Es gibt keine Garantie. Und Duplikation braucht Zeit. Kommt die Lawine aber ins Rollen, dann werden aus einem Vertriebspartner mehr, aus diesen noch mehr und es folgen weitere…

und während bei den ersten öffentlichen Präsentationen der Nawrots noch viele Stühle im Raum leer waren, füllen sie heute als Superstars der Branche große Säle.

Die Arbeitsweise im High Performance Team der Nawrot Brothers sieht vor, dass jeder neue Kunde, der ein patentiertes Lifestyleprodukt erwirbt, Personen aus seinem direkten Umfeld nennt, die auch an diesem System interessiert sein könnten. Das sorgt für immer neue Kontakte, ohne, dass wildfremde Menschen auf der Straße angesprochen werden müssen (keine Kaltakquise) oder dass der warme Markt mit beispielsweise der Kontaktliste immer wieder und wieder neu aufgerollt werden muss. Das Unternehmen setzt ganz gezielt darauf, ein absolut einzigartiges Empfehlungsbusiness bereit zu stellen, so dass eine Kaltakquise – die sich für so viele Menschen im Vertrieb als Herausforderung darstellt – nicht notwendig ist. Gearbeitet wird auf Empfehlung

NAWROTBROTHERs
SCAN MICH
LINK zum ERFOLG!
Button klicken oder Code scannen,
um direkt zu unserer kostenlosen
3 teiligen Videoserie zu kommen!
JETZT MASTER OF
BIG SALES WERDEN!
WWW.LEBE-DEINEN-ERFOLG.COM

und so wartet nicht der Berater auf Kunden, sondern der Interessent freut sich, wenn der Berater vorbeikommt.

Beides ist natürlich eine gute Möglichkeit, um neue Interessenten zu gewinnen, aber unsere Vorgehensweise nimmt den Druck und dass ein Kunde jemanden kennt, für den das Produkt auch interessant sein könnte, liegt auf der Hand.

Und so laden Vertriebspartner andere Leute zu den Präsentationen ein und das führte dazu, dass Roman und Manuel bei ihren Open House Roadhows über Jahre hinweg im gesamten deutschsprachigen Raum – in Deutschland, Österreich und der Schweiz – ihr Konzept vorstellten.
Und sie tun es bis heute. Es lag nicht an ihnen, dass in den letzten zwei Jahren die Termindichte etwas abnahm, sondern es war der Situation in der Welt geschuldet.

ZUSAMMENKOMMEN IST EIN BEGINN, ZUSAMMENBLEIBEN IST EIN FORTSCHRITT, ZUSAMMENARBEITEN IST EIN ERFOLG.

Auch zehn Jahre nach ihrem Einsteig in ihr Partnerunternehmen wird jeder neue Partner in seinem Wert geschätzt und als Kontakt für die Durchführung einer Veranstaltung bei ihm vor Ort genutzt. Erst gibt es den Workshop für das Team und im Anschluss folgt das Opportunity Meeting für die eingeladenen Gäste.

Egal wo, wir waren überall… jeden Tag. Und genau so strukturiert muss man auch vorgehen, wenn man ein Geschäft eröffnet… auch, wenn dieses Geschäft nicht stationär ist oder der Start mit einer hohen Investition verbunden war. Wir haben ein Geschäft eröffnet, ein neues Unternehmen gegründet und mit diesem Hintergrund legten wir los. Wir haben als Unternehmer gedacht und das hieß: Loslegen, umsetzen und arbeiten, bis sich Ergebnisse zeigen.

Und manchmal fanden die Termine sogar parallel in unterschiedlichen Städten statt und die Brüder teilten sich auf. War Roman in Berlin, fuhr Manuel nach Wien.

Die Leader machten sich einmal einen Spaß und rechneten ihre gefahrenen Business-Kilometer zusammen. Die Summe ergab 1,6 Millionen gefahrene Kilometer auf den Straßen im DACH-Raum.

Genau so ist unser Geschäft wie eine kleine Pflanze gewachsen. Wir haben uns immer um diese Pflanze gekümmert, sie regelmäßig gegossen und gepflegt. Vor Ort haben wir den Klebstoff hergestellt, der eine Beziehung zwischen uns und unseren Partnern symbolisiert. Der ‚Klebstoff' ist das wichtigste Element in unserer Branche, da er die Downline mit der Upline zusammenhält. Wir bauen eine Beziehung zu unseren Partnern auf und beschäftigen uns mit ihnen, treffen sie, lassen sie nicht alleine, sondern unterstützen, wo und wie wir können.

Da jeder der Brüder nicht jeden Tag überall sein kann, haben mittlerweile auch Führungskräfte aus dem High Performance Team der Nawrots die Durchführung von Veranstaltungen mit übernommen. Direct Selling mit Hebelwirkung sieht vom Prinzip eh vor, dass jeder Partner möglichst zügig auf eigenen Beinen stehen kann, um dann seine eigene Organisation selbständig führen zu können.

KAPITEL 10

WELTWEIT
DIE NUMMER 1

WELTWEIT
DIE NUMMER 1

LOYALITÄT, BEHARRLICHKEIT, DISZIPLIN & VIELE TAGE DES VERSUCHENS WERDEN DICH LETZTENDLICH WIE EINEN ÜBER NACHT ERFOLG AUSSEHEN LASSEN.

Erfolg ist kein Zufall. Er ist das Resultat aus dem, was du tagtäglich machst.

2015 haben Roman und Manuel Nawrot die höchste Stufe im Karriereplan ihres Partnerunternehmens erreicht und mit dem Erfolg als Spitzenmanager stieg auch die Medienpräsenz. Über die ‚Staubsaugervertreter', die sich vom Zero zum Hero gemausert hatten, berichteten nicht nur Branchenmagazine, sondern auch die Fernsehsender, dessen Programme sie früher so sehnsüchtig verschlungen hatten. Die Nawrot Brothers waren zu Gast in Talkshows, erzählten ihre Erfolgsgeschichte in Podcasts und Videoformaten und schafften es so, noch mehr Menschen zu erreichen und zu inspirieren. Sie wurden mehrfach ausgezeichnet und geehrt (unter anderem: ‚Die 500 wichtigsten Köpfe der Erfolgswelt', Erfolg Magazin 04/2020) und im eigenen Unternehmen räumten sie alle Ehrungen und Incentives ab, die Führungskräfte erreichen können.

Seit 2014 sind sie weltweit die Nummer 1 in ihrer Company – und das in mittlerweile 86 Ländern – und wegen ihrer Leistung musste der Marketingplan um drei weitere Stufen erweitert werden.

ALS WIR UNS VOR JAHREN ENTSCHIEDEN HABEN, DEN WEG MIT UNSEREM PARTNERUNTERNEHMEN ZU GEHEN, HABEN UNS VIELE BELÄCHELT & GESAGT, DASS WIR ES NIEMALS SCHAFFEN WERDEN.

JEDOCH HAT UNS GENAU DIES AUCH ERMUTIGT, RICHTIG GAS ZU GEBEN & ZU ZEIGEN, DASS ALLES IM LEBEN MÖGLICH IST, WENN MAN AN EINEM WAHRHAFTIGEN TRAUM FESTHÄLT, NIEMALS AUFGIBT & IMMER FOKUSSIERT WEITERMACHT.

VIELE MONATE SPÄTER SITZEN WIR HIER UND HABEN ALLE UNSERE IMMATERIELLEN & MATERIELLEN TRÄUME REALISIERT, WELCHE WIR UNS DAMALS NICHT EINMAL IN UNSEREN

KÜHNSTEN TRÄUMEN VORSTELLEN KONNTEN.

JEDOCH IST DAS WICHTIGSTE FUNDAMENT FÜR DEN VOLLKOMMENEN ERFOLG IM LEBEN, DIE FAMILIE, GESUNDHEIT & GLÜCKSELIGKEIT.

WIR SIND VON HERZEN DANKBAR FÜR ALLES.

Der März des Jahres 2018 ging als Meilenstein in die Success Story des Unternehmens und in die ganz persönliche Erfolgsgeschichte der Nawrot Brüder ein. Zusammen mit ihrem High Performance Team knackten sie ihren eigenen Rekord und verkauften in diesem einen Monat im Frühjahr über 500 Systeme, was einem Monatsumsatz von über einer Million Euro entsprach.

Und sie machten sich selbst ein Geschenk.

Im August des selben Jahres wurden sie persönlich offiziell als einzige lebende Network Marketing Profis im deutschsprachigen Raum in der ‚Network Marketing Pro Hall Of Fame' von Eric Worre (vor allem bekannt durch sein Buch ‚Go Pro: 7 Schritte zum Network Marketing Profi' – der ‚Bibel' im Network Marketing) aufgenommen. Die Million Dollar Hall of Fame ist ein zertifiziertes und geprüftes Bestätigungsprogramm, das von Network Marketing Pro Eric Worre gegründet wurde. Das Programm erkennt weltweit alle Network Marketer an, die sich innerhalb dieser Branche durch Stärke, Mut und Führungsqualität auszeichnen und ein generiertes Einkommen von über einer Million US-Dollar in einem Kalenderjahr bestätigt vorweisen können.

Die Nawrot Brothers gehören mittlerweile zu den 50 besten und einflussreichsten Networkern der Welt.

Wir wissen, was Karma ist. Unsere Vergangenheit hat uns geprägt und deshalb sind wir heute unendlich dankbar, dass wir diese Erfolge im Team und zusammen mit unserer Familie feiern dürfen. Wir wollen nichts verändern. Never change a running system, never change a running team. Wir werden nicht auswandern und wir haben auch nicht vor, unsere Firma zu verlassen. Wir sind dankbar, für alles, was wir erreicht haben und sehen unser Leben in Wohlstand und Glück nicht als selbstverständlich an. Wir sind uns unserer Verantwortung bewusst und wir nehmen diese Verantwortung sehr ernst. Wir enttäuschen niemanden, der uns sein Vertrauen schenkt.

Der Mai 2021 toppte den Erfolg erneut: In nur einem Monat verkaufte das

LOYALITÄT, BEHARRLICHKEIT, DISZIPLIN & VIELE TAGE DES VERSUCHENS WERDEN DICH LETZTENDLICH WIE EINEN ÜBER NACHT ERFOLG AUSSEHEN LASSEN.

High Performance Team der Nawrot Brüder 1085 Maschinen!

Die Erfolgslawine nahm gerade erst an Fahrt auf: Nach dem ‚Black Friday' 2021 und den damit verbundenen Sonderaktionen, postete Manuel am 27. November 2021 bei Facebook und Instagram:

NAWROT FAMILY 1 MILLION BLACK FRIDAY SALES RECORD! ALS WIR VOR KNAPP 10 JAHREN MIT UNSEREM BUSINESS GESTARTET SIND, WAR UNSER ZIEL, EINMAL 1 MILLION EURO IM JAHR ALS UMSATZ ZU GENERIEREN.

NACH JAHRELANGER, LEIDENSCHAFTLICHER, TÄGLICHER HINGABE, BEHARRLICHKEIT & LOYALITÄT HABEN WIR DAS SCHEINBAR UNMÖGLICHE ZUM MÖGLICHEN GEMACHT. AM GESTRIGEN BLACK FRIDAY HABEN WIR MIT UNSERER ORGANISATION ÜBER UNGLAUBLICHE 1 MILLION EURO UMSATZ AN EINEM EINZIGEN TAG GENERIERT.

WIR SIND GOTT DANKBAR FÜR DIESE MÖGLICHKEIT & CHANCE, WELCHE UNSER LEBEN ABSOLUT BEREICHERT HAT.

BLEIBE DIR UND DEINER FAMILY IMMER TREU & VERGESSE NIEMALS IN DEINEM LEBEN WORAUF ES WIRKLICH ANKOMMT: FAMILIE, GESUNDHEIT & DEINE TRÄUME, WELCHE DU ENDLICH WAHR MACHEN SOLLTEST.

Als die Menschen damals in Bad Saulgau mit dem Finger auf die Brüder zeigten und hinter vorgehaltener Hand flüsterten, dass sie es niemals zum Erfolg schaffen würden und als auch im Umfeld immer mehr Skeptiker laut wurden und ihnen ihre Visionen ausreden und die Träume absprechen wollten, da hatten Roman und Manuel nur eines im Sinn: Sie wollten sich aus dem großen Schmerz befreien, die finanzielle Not beenden und es der ganzen Welt beweisen, dass viel mehr in ihnen steckt. Heute müssen sie nichts mehr beweisen und schon längst ist es ihnen egal, was andere Leute über sie denken. Stattdessen gehen sie als Vorbilder voran und helfen anderen Menschen beim Erreichen ihrer Ziele.

Jeder, der damals gesagt hat, dass wir es nie packen werden, hat uns stärker gemacht. Für diese Aussagen sind wir heute dankbar, denn sie haben uns zu den Männern gemacht, die wir heute sind und dahin gebracht, wo wir heute stehen.

Doch nicht nur die Nawrot Brüder selbst sind erfolgreich geworden und haben sich von Hot Dog Verkäufern zu Einkommensmillionären entwickelt, auch Führungskräfte im Team können beeindruckende Erfolge verbuchen. In der Struktur der Nawrot Brothers haben mehrere Teampartner bereits über eine Million Euro kumuliert verdient. Um das Ergebnis mit Zahlen zu untermauern, kann gesagt werden, dass die Gesamtprovision in den Jahren, in denen Roman und Manuel Nawrot in ihrem Business aktiv sind, 40 Millionen Euro beträgt. Das ist die Provision, die in fast zehn Jahren im High Performance Team erzielt und ausgeschüttet wurde.

KAPITEL 11

FAMILY FIRST

FAMILY
FIRST

Roman und Manuel Nawrot hatten von Anfang an das große Glück, dass ihre Lebenspartner Daniel und Martina sofort mitgezogen sind und vom Geschäftsmodell begeistert waren. Das ist nicht bei jedem Direct Seller so, der große Ziele hat, aber nur mit Rückhalt im eigenen Umfeld kann ein Geschäftsaufbau funktionieren. Steht einem der Partner nicht zur Seite oder winkt die Familie die Idee als Humbug ab, dann wird es schwer, Kraft und Motivation aufzubringen, um durchzustarten und durchzuziehen. Die langjährige Erfahrung der Top Leader hat gezeigt, dass sich kritische Familienmitglieder meistens dann überzeugen lassen, wenn sie das Produkt präsentiert bekommen und nähere Details zum Geschäftsaufbau erfahren. Oder sie sind auf einem Event mit dabei und haben die Brüder live und in Aktion erlebt. Das überzeugt. Und nicht selten wird das Vertriebsgeschäft von einer Person gestartet und entwickelt sich zu einem kompletten Family Business, wo jedes Familienmitglied einen Part übernimmt und alle ziehen gemeinsam an einem Strang. So war es auch bei den Nawrots und so ist es bis heute geblieben.

Beide Ehepartner standen den Nawrot Brothers in der ersten Zeit eng zur Seite, denn es galt, das Team aufzubauen. Sie halfen bei der Terminplanung, waren bei den Geschäftspräsentationen mit vor Ort und beantworteten Fragen der Vertriebspartner. Aber Daniel und Martina stärkten immer auch ihre eigene Struktur. Und das wiederum führte dazu, dass beide eigenständig finanziell frei wurden und im Laufe ihrer Tätigkeit mehrere Millionen Euro Umsatz generiert und eine Provision von über einer Million Euro verdient haben.

Daniel Nawrot (früher Eder) war den Brüdern schon im Hot Dog Betrieb eine große Stütze, obwohl er selbst als Friseur Vollzeit berufstätig war. Als ihm sein Partner Roman das neue Geschäftsmodell vorstellte, zögerte Daniel nicht eine Sekunde und schlachtete sein Sparschwein, in dem er das Trinkgeld der Kundschaft aufbewahrte, um in die Starterlizenz zu investieren. Daniel stieg mit seinen 18 Jahren als erster Vertriebspartner und einer der jüngsten in der gesamten Company im Team der Nawrot Brüder ein und begann im Nebenjob den Geschäftsaufbau. Aus dem Nebenjob wurde ein Hauptjob, was eine logische Konsequenz seiner jahrelangen Erfahrung war. Denn auch er lernte das Geschäft von der Pike auf und ist mit jedem einzelnen Baustein – vom direkten Verkauf der Produkte über die Partnergewinnung bis hin zur Unterstützung der Struktur – vertraut. Diese Bausteine sind die Voraussetzung, um ein erfolgreiches Team über die Landesgrenze Deutschlands hinaus zu etablieren. Heute ist Daniel glücklich mit Roman verheiratet, das Paar hat die Zwillinge Romeo und Melodie adoptiert und setzt sich als Regenbogenfamilie für die LGBTQI+ Community ein. Daniel Nawrot legt den Schwerpunkt seiner Arbeit nicht nur auf den persönlichen Kontakt, sondern er ist auch in den sozialen Medien sehr aktiv. In den vergangenen Jahren hat er sich eine große Reichweite aufgebaut und lässt seine Follower täglich an seinem Privat- und Geschäftsleben teilhaben. Es ist vor allem die Zusammenarbeit mit den unterschiedlichsten Menschen, die ihn seine Tätigkeit immer noch mit so viel Elan, Herz und Leidenschaft ausführen lässt. In seinem Team erhält jeder den nötigen Respekt und die Unterstützung, die er braucht, um auch erfolgreich im Direct Selling zu werden und neue Karrierestufen zu erreichen. Und so werden die Ziele seiner Geschäftspartner zu seinen Zielen. Letztlich ist es der Zusammenhalt aller, der ein Team wachsen lässt. Daniel weiß, wie es sich anfühlt, mit wenig Geld den Monat bestreiten zu müssen, denn die 900 Euro, die er damals als Friseur verdiente, ließen keinen großen Spielraum zu. Doch auch bei Daniel Nawrot ist es nicht der finanzielle Aspekt, der ihn jeden Tag – meistens von zu Hause aus – so motiviert arbeiten lässt. Es ist diese Begeisterung für dieses Geschäftsmodell und die hat in all den Jahren nicht an Kraft verloren. Und er ist unendlich dankbar, dass er als zweifacher Familienvater so flexibel agieren kann. Das ist Freiheit: Das zu tun, was man will, wann man will, mit wem man will und wo man will. Diese Freiheit beschreibt Daniel als eines der größten Luxusgüter, das es heutzutage für Menschen gibt. Und so steht auch für ihn für die Zukunft fest, weiterhin jedem zu helfen, der sich das Luxusgut ‚Work-life-Balance' für sich als Ziel gesetzt hat. Daniel zeigt und lebt vor, wie sich das Business mit Leichtigkeit in das eigene Leben integrieren und ausüben lässt.

Martina Ćorić Nawrot erzielt einen Umsatz von über 500.000 Euro in nur einem Monat. Im Mai 2021 verkauft die Mama einer Tochter mit ihrer Organisation über 250 Systeme von daheim aus. Ihre Geschäftspartner nehmen sie als herzenswarm, ehrlich und offen wahr. Sie selbst beschreibt sich als loyal, diszipliniert und zielstrebig. Mit diesen Eigenschaften hat sie eines ihrer großen Ziele erreicht.

Einen anderen Herzenswunsch hat sie sich ebenfalls erfüllt, Mutter und Unternehmerin gleichzeitig zu sein. Sie ist mittlerweile zweifach Mama und ihr Unternehmen wächst weiter. Sie lebt vor, was in unserer heutigen Gesellschaft für Frauen und Mütter möglich ist: Familie und ein eigenes Business unter einen Hut zu bringen.

Über die Sozialen Medien ist sie gut vernetzt, aktiv und präsent. Das lässt ihre Reichweite wachsen. Als Mentorin gibt sie ihre Erfahrung weiter. Sie be-

schreibt die Branche als fair, flexibel und einzigartig und genau das ist sie auch. An ihre ersten eigenen Schritte kann Martina sich noch lebhaft erinnern. Seither hat sie viele Partner*innen zu ihren persönlichen Erfolg geführt. Aus ganz unterschiedlichen Lebenslagen und Altersgruppen begleitet sie sie auf ihren Weg ins Online- oder Offline-Geschäft. Jeder Weg ist individuell. Jedem steht die Tür offen. Alles ist möglich und nichts ist unmöglich. Einzig der Wille durchzustarten und erfolgreich zu sein zählt. Mit ihren Zielen im Herzen gab es für Martina kein Zurück mehr. Dass alles in dieser Branche möglich ist, haben Manuel und Roman gezeigt. Sie ist ihrem Beispiel gefolgt.

Martina ist 2020 als „Frau des Jahres" von ihrem Partnerunternehmen ausgezeichnet worden. Sie zählt bis heute zu den umsatzstärksten Frauen weltweit. Dass sich ihre Schritte bezahlt gemacht haben, zeigt sich auch finanziell. Ihr damaliges Jahresgehalt als leitende Führungskraft im Angestelltenverhältnis stehen der heutigen Businessfrau als monatliches Einkommen zur Verfügung - und das von zu Hause aus.

Versuchen, hoffen und abwarten sind Worte, die nicht zum Wortschatz der Nawrots gehören.

Es lässt sich deutlich erkennen, dass sich die Erfolgsstory der Brüder duplizieren lässt, weil es das System hergibt. Die Erfolge innerhalb der Familie und die Ergebnisse im gesamten Team sind der beste Beweis, dass dieses Geschäft funktioniert.

Unser Erfolg war kein Glück und wir waren auch nicht zur richtigen Zeit am richtigen Ort, sondern wir haben die Chance, die dieses Geschäftsmodell bietet, erkannt und mit Fleiß und Ausdauer umgesetzt, was getan werden muss.

Für die Nawrot Brüder steht die Familie an erster Stelle, denn aus ihr schöpfen sie ihre Kraft. Aber zu keiner Zeit haben Roman und Manuel ihre Partner in das Geschäft gedrängt. Mit dem reinen Sponsern von Direktlinien aus dem nahen Umfeld, um schneller nächste Karrierestufen zu erreichen, konnten sich die Brüder nie identifizieren. Dass Umsätze nur durch harte und ehrliche Arbeit erzielt werden, das waren sie ja gewöhnt. Und dass Erfolg nun einmal etwas Zeit braucht, das wussten sie auch. Daniel und Martina sahen die Vorteile auch und entschieden sich selbst für diesen Weg. Es war sowieso klar, dass sie keine ‚Shadow Men' oder ‚Shadow Women' und somit nur die Partner von jemandem sein wollten, das liegt auch gar nicht in ihrer Natur. Sie selbst wollten ihr Können unter Beweis stellen und zeigen, dass sie im Unternehmen auch alleine Großes leisten können. Denn nur, was man sich selbst erarbeitet, macht einen auch ehrlich stolz. Und Roman und Manuel lag ebenfalls viel daran, dass ihre Partner aus eigenem Antrieb Erfolge erarbeiten – allein schon aus dem Grund, der ganzen Struktur mit reinem Gewissen gegenübertreten zu können. Und dass sie alle den Weg nicht bereut haben, zeigt sich an der Tatsache, dass alle vier Nawrots aktiv geblieben sind. Eh ist es die Beständigkeit, die diese Familien- und Erfolgsgeschichte durchzieht.

Wir sind in den zehn Jahren nicht müde geworden und wir alle haben auch nicht das Interesse verloren. Es heißt, dass man sich alle drei Monate neu reflektieren soll, alte Ziele und Gedankengänge überdenken und durch neue ersetzen soll. Ein Restart ist nützlich. Aber: Bei uns fühlt es sich anders an. Wir brennen heute wie ab Tag eins für unser Produkt, für unser Unternehmen und stehen an der Seite unserer Partner – genauso wie am ersten Tag. Wir fühlen uns nicht betriebsblind, sondern sind fokussierter denn je. Unser Engagement ist nie abgeebbt. Verrückt. Unsere Motivation ist hoch und wir spüren jeden Tag diese Magie, die uns damals angezogen hat, in dieser Branche zu starten – und die uns immer noch zu Höchstleistungen antreibt. Wir haben jeden Tag Elan und sind leidenschaftlich und das mit jeder Faser unseres Körpers.

Nur, wenn es dir gut geht, geht es auch deiner Downline gut. Fehlt dir die Energie, kommt sie auch nicht bei deinen Partnern an.

Die Familie Nawrot besteht schon lange nicht mehr nur aus Daniel und Roman sowie Martina und Manuel und den Kids, sondern schon längst ist das High Performance Team auch zur Familie geworden. Und zu keiner Zeit ging der Spirit in dieser Familie verloren.

KAPITEL 12

ZIELE

ZIELE

Gibt es nach diesen großen Erfolgen noch Ziele?

10 JAHRE IST ES NUN HER, ALS WIR UNS DAZU ENTSCHLOSSEN HABEN, BEI UNSEREM PARTNERUNTERNEHMEN NEBENBEI ZU STARTEN.

DIE ANFANGSZEIT WAR SEHR HART, DA WIR 100 STUNDEN DIE WOCHE IN UNSERER HOT DOG BUDE AM MÜNCHENER HAUPTBAHNHOF VERBRACHT HABEN. WIR HATTEN SEHR VIEL ZEIT FÜR SEHR WENIG GELD WOCHE FÜR WOCHE GETAUSCHT...

DOCH DURCH UNSEREN ZUSAMMENHALT, INNERLICHES BRENNEN, POSITIVER POWER, LOYALITÄT & DURCHHALTEVERMÖGEN, HABEN WIR DEN UNERSCHÜTTERLICHEN GLAUBEN AN UNS SELBST NIEMALS VERLOREN.

STEP BY STEP HABEN WIR UNSERE ORGANISATION ÜBER VIELE JAHRE HINWEG FOKUSSIERT AUFGEBAUT.

ÜBER 1.400.000 KILOMETER SIND WIR DURCH GANZ DEUTSCHLAND, ÖSTERREICH & DIE SCHWEIZ GEFAHREN, UM ABENDS AN HUNDERTEN VON VERSCHIEDENEN ORTEN PERSÖNLICH GESCHÄFTSVORSTELLUNGEN ZU GEBEN. IMMER HAT UNS DER LEITSATZ BEGLEITET, DASS MAN ALLES IM LEBEN SCHAFFEN KANN, WENN MAN GEWILLT IST, WIRKLICH ALLES ZU GEBEN.

GEMEINSAM MIT UNSEREM UNGLAUBLICHEN TEAM HABEN WIR ES GESCHAFFT, VIELE PRODUKTE AN GLÜCKLICHE ENDKUNDEN ZU VERKAUFEN.

ES IST WIRKLICH WUNDERVOLL ZU SEHEN, WENN MAN FÜR EINE SACHE VOLLKOMMEN BRENNT & SICH ÜBER JAHRE HINWEG MIT GANZEM HERZEN EINBRINGT, WAS ALLES IM LEBEN MÖGLICH IST. EGAL, WO DU AKTUELL IN DEINEM LEBEN STEHST, WIR WOLLEN DIR EIN BEISPIEL DAFÜR SEIN, DASS ALLES IM LEBEN MÖGLICH IST, WENN MAN SICH EIN ZIEL SETZT & SICH VON NICHTS & NIEMANDEN DAVON ABBRINGEN LÄSST.

WENN DU WIRKLICH VON DEINEM GANZEN HERZEN EINEN WUNDERVOLLEN TRAUM HAST, KANNST DU DIESEN VERWIRKLICHEN.

Viele Menschen starten im Vertrieb mit einem materiellen Ziel und auch die Brüder Nawrot hatten sich die finanzielle Freiheit zum Ziel gesetzt. Aber das Warum, das noch weit über dem Wohlstand lag, war immer schon der Gedanke, frei zu sein. Im Laufe der Jahre verändern sich die Ziele, denn einst gesteckte sind erreicht, neue kommen hinzu. Heute haben Roman und Manuel Nawrot immaterielle Ziele, denn die materiellen haben sie sich bereits erfüllt.

Erfolg ist ein breiter Begriff und jeder muss ihn für sich definieren. Wir haben uns schöne Immobilien aufgebaut, verbrachten die besten Urlaube an den wunderbarsten Plätzen dieser Welt, fahren tolle Autos und konnten uns viel leisten. Wenn du dir all das kaufen kannst, dann kommt irgendwann der Moment, an dem andere Werte in den Mittelpunkt rücken. Und das ist dann die Familie und die große Freude, anderen Menschen helfen zu können. Der Zusammenhalt innerhalb der Familie ist mit keinem Geld der Welt zu bezahlen und das Gefühl, das Leben anderer zu verändern, auch nicht. Wer nur nach Geld strebt, wird meistens kein Geld in sein Leben ziehen. Es geht um mehr. Es geht um die wirklichen Werte, die im Leben wichtig sind. Gesundheit, ein harmonisches Familienleben und Glückseligkeit lassen sich nicht mit Geld bezahlen. Wer immateriell erfolgreich wird, wird es materiell meistens auch.

Ziele gibt es aber durchaus. Die Brüder haben ein Visionboard, so wie sie es auch ihren Teampartnern empfehlen, und hier wird notiert, was erreicht werden will: Zum Beispiel die allerletzte Karrierestufe im Unternehmen, denn nachdem der Plan erweitert wurde, steht diese noch aus. Manuels Visionboard war von Anfang an seine Schrankwand und das war clever ausgewählt, denn sein Blick fiel morgens nach dem Aufwachen zu allererst auf seine Ziele und abends vor dem Einschlafen auch. Die Ziele sind also unübersehbar im Raum platziert und erinnern nicht nur, sondern motivieren zudem. Ziele sind mit Gefühlen verbunden und je stärker die Ziele, Wünsche und Träume mit den Gefühlen verknüpft sind, desto stärker verankern sie im Unterbewusstsein und gewinnen auch die Oberhand über den inneren Kritiker, der möglicherweise das Erreichen der Ziele bezweifelt.

Dein Mindset muss in Harmonie mit den Zielen auf deinem Visionboard schwingen. Das gelingt nicht immer sofort, weil die Ziele vielleicht noch zu weit entfernt sind. Umso häufiger und intensiver du dein Dreamboard anschaust und fühlst, dass du deine Wünsche und Träume erreichen wirst, desto schneller wird dein innerer Kritiker verstummen und zu deinem besten Freund werden. Und dann steht er dir zur Seite, zeigt dir auf, was du alles schon erreicht hast und bestärkt dich, die weiteren Ziele auch anzupeilen.

Ziele treffen zeitversetzt ein. Wer das versteht, weiß, dass er etwas Geduld braucht und dass sich ein Ziel nicht sofort und auf Knopfdruck erreichen lässt. Wer im Garten eine schöne Hecke anpflanzt, muss auch warten und gießen und stutzen, bis sie zur vollen Höhe ausgewachsen ist.

Silvester eines jeden Jahres ist der Tag, an dem die Nawrot Brüder ihr Visionboard neu gestalten, denn der Jahreswechsel ist bestens dazu geeignet, ein Fazit der zurück liegenden Monate zu ziehen und eine Vorschau auf das kommende neue Jahr abzugeben. Ein toller Tipp, der von vielen Partner im Team genauso übernommen wird.

Wir kaufen eine neue Leinwand, die noch weiß und rein ist. Diese beschreiben und bekleben wir und notieren das entsprechende Datum dazu, bevor das neue Jahr beginnt. Manchmal sind Wünsche und Träume so schnell erreicht, dass nach einigen Wochen oder Monaten das Dreamboard neu gestaltet werden darf. Dann wird einfach überschrieben oder überklebt, der Kreativität sind keine Grenzen gesetzt. Die ganze Familie könnte das Board gemeinsam erstellen, denn hier gehören nicht nur die Themen rund um den Erfolg mit drauf.

Alles, was du dir wünschst, kannst du auf deinem Visionboard notieren. Wenn du jeden Tag deine Zukunft vor Augen hast, wird es dir leichter fallen, die Schritte in die richtige Richtung auf dem Weg in dein neues Leben zu gehen.

In den letzten zehn Jahren haben die Brüder ein zertifiziertes Verkaufsteam von > 3.000 unabhängigen Partnerinnen & Partnern aufgebaut. Das nächste Ziel für die beiden: 10.000 weitere aktive Verkäuferinnen und Verkäufer in ihrer Organisation aufzubauen und ihnen glechzeitige den Weg zu Ihrer persönlichen finanziellen Freiheit aufzuzeigen.

DON'T LET ANYBODY STEAL YOUR DREAMS.

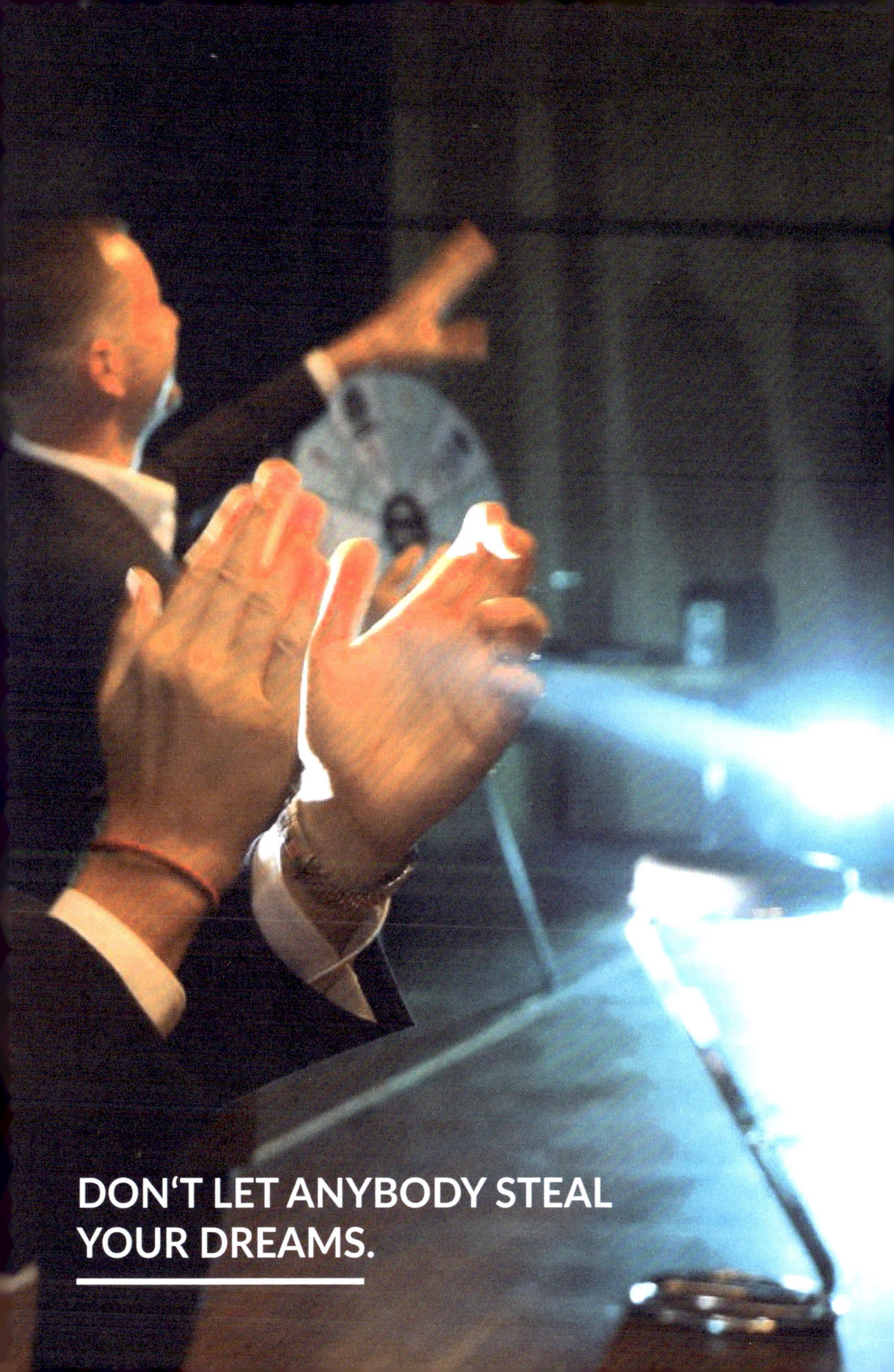
DON'T LET ANYBODY STEAL
YOUR DREAMS.

20 MINDHACKS
DER NAWROT BROTHERS

VORTEILE ERKENNEN UND EINE ENTSCHEIDUNG TREFFEN

Wie hoch ist dein Risiko? Gering! Wenn du im Direktvertrieb startest, dann wirst du zum Unternehmer und betreibst dein eigenes Geschäft. Der Start in dieser Branche unterscheidet sich massiv von einer Neugründung in der normalen Wirtschaft, denn es muss nicht großartig investiert werden, um loslegen zu können. Je nach Unternehmen ist der Einstieg komplett kostenfrei, es gibt eine einmalige (jährliche) Lizenzgebühr und/oder es muss ein Starterpaket erworben werden. Die Summen dafür sind immer überschaubar und somit hast du nichts zu verlieren. Du brauchst keinen Businessplan zu schreiben und der Weg zur Bank wegen einer Kreditanfrage bleibt dir erspart. Vergleichst du den Start im Direct Selling mit der Eröffnung eines anderen Geschäftes – zum Beispiel eines Restaurants oder Einzelhandelsshops –, dann brauchst du Räumlichkeiten, es fallen Mietkosten an, möglicherweise sogar eine Kaution, du musst Inventar einkaufen, vielleicht müssen Mitarbeiter eingestellt werden und Personal kostet Geld. Und zu allem Überfluss weißt du ja noch gar nicht, ob dein Betrieb läuft. Gründer brauchen eine Anlaufzeit, um bekannt zu werden, doch die Fixkosten gibt es ab dem ersten Tag. Und du tauscht Zeit gegen Geld. Selbständig zu sein bedeutet für viele Selbständige, selbst und ständig zu arbeiten.

In unserer Branche kannst du ohne Risiko ab Tag eins Geld verdienen und deine Arbeitszeit teilst du dir selbst ein. Du bekommst ein schlüsselfertiges System, hast keinen Verwaltungsaufwand und keine anderen Risiken, wie etwa einen Gebietsschutz oder eine jahrelange Stornohaftung. Dafür hast du die Aussicht auf ein unlimitiertes und sogar passives Einkommen. Vertraue deinem Gefühl, höre auf dein Herz und spüre deine Intuition – und treffe dann deine Entscheidung. Feiere deinen Start wie jeder andere Unternehmer seine Geschäftseröffnung auch feiern würde. Lade deine Familie, Freunde und Weggefährten ein und stoße mit ihnen mit einem Glas Sekt oder Orangensaft auf deine Zukunft an. Denn wenn du deine Entscheidung getroffen hast, gib es nur einen Weg: Nach vorn! Du hast kein neues Hobby gefunden, sondern du hast ein Unternehmen gegründet, ein Geschäft eröffnet! Und genauso solltest du es sehen! Du hast einen neuen Beruf gewählt und dir eine Existenzgrundlage geschafft. Das solltest du niemals vergessen.

KENNE DEIN WARUM

Möchtest du deine Gesundheit verbessern, dein Angestelltenverhältnis verlassen, deinem Leben einen neuen Sinn geben? Hast du Wünsche und Träume, die du dir oder deiner Familie erfüllen willst oder bist du in einem Bereich deines Lebens unzufrieden und möchtest diesen verändern? Warum willst du dich anderweitig orientieren? Ist es der finanzielle Grund? Oder der ideelle? Wenn du dein Motiv kennst (und später auch die Motive deiner Partner), fällt es dir leichter, die richtigen Schritte zu gehen (und sie ihnen zu zeigen), um mit deinem Business erfolgreich zu werden. An deinem Warum kannst du dich immer orientierten und festhalten. Dein Warum wird dich an den Tagen motivieren, an denen es einmal nicht so gut läuft. Ein Dreamboard (Visionboard) kann dein Warum visuell untermauern, denn hier können all deine Träume und Wünsche notiert oder in Form von Bildern und Fotos aufgeklebt werden und wenn du diese mit einem konkreten Datum markierst – auf jeden Fall mit dem entsprechenden Monat und dem Jahr –, wird das deine Visionen noch verstärken. Dein Warum soll dir immer ein Ansporn sein. Unsere Erfahrung hat gezeigt, dass Menschen im Direct Selling landen, um sich materielle Wünsche zu erfüllen, dort aber bleiben, um ihren ideellen Träumen Raum zu geben. Kennst du dein Warum, dann kennst du den Grund für dein Tun.

ZIELE DEFINIEREN

Ziele sind dazu da, um erreicht zu werden. Setze dir realistische Ziele und arbeite gerne auch mit Etappenzielen. Was möchtest du in vier Wochen erreicht haben? Wo willst du in drei Monaten stehen oder in einem Jahr? Wie viel Geld möchtest du verdienen und welche Karrierestufe hast du dir bis zum Ende des Jahres als Ziel gesetzt? Wer sich konkrete Ziele setzt, lernt besser,

Schritt für Schritt auf diese Ziele hinzuarbeiten. Die nächste Etappe ist erst geschafft, wenn das Ziel erreicht ist. Hast du materielle Ziele oder sind es die immateriellen, die überwiegen? Ist dein Ziel ein Nebenverdienst? Oder soll es ein hohes Einkommen sein? Sehnst du dich nach einem neuen Auto oder einer Urlaubsreise an einen wunderschönen Ort? Wünschst du dir mehr Zeit für deine Familie? Definiere deine Ziele, damit du dich an ihnen orientieren kannst.

DAS RICHTIGE PRODUKT (UND DAS RICHTIGE UNTERNEHMEN)

Ist dein Produkt außergewöhnlich? Verfügt es über ein Alleinstellungsmerkmal oder zeichnet es sich dadurch aus, dass es besonders günstig ist? Wir bieten nicht nur ein Produkt an, das in einem Nischenmarkt angesiedelt ist – dessen Trend aber noch kommen wird – und das es in dieser Form nirgendwo sonst gibt, sondern wir verfügen außerdem über ein Hochvolumen-Produkt. Und das bringt Vorteile mit sich. Die Überzeugungsarbeit, die Fahrtkosten, der Zeitaufwand: Alles ist bei einem hochpreisigen Produkt gleich wie bei Artikeln, die weniger kosten. Wenn du zu einem Interessenten fährst und eine Geschäftspräsentation durchführst und du machst einen Abschluss, dann ist es ein Unterschied, ob du Nahrungsergänzungsmittel für 30 Euro, Cremes für 50 Euro oder ein Raumreinigungssystem für einen vierstelligen Betrag verkaufst. Bei letzterem verdienst du mehr Provision. Wichtig ist außerdem, dass du dich einem Unternehmen anschließt, das bereits seit einigen Jahren erfolgreich am Markt agiert. So verhinderst du nicht nur, dass es nach einem kurzen Hype wieder von der Bildfläche verschwindet, sondern du lernst auch Führungskräfte kennen, die in dieser Company bereits erfolgreich geworden sind. Es ist nicht richtig,

dass man nur in einem neuen Unternehmen erfolgreich werden kann, weil man dort die Stunde Null miterlebt. Unser Partnerunternehmen gab es bereits seit über 20 Jahren und wir sind eingestiegen und zur Nummer eins geworden. Auch, wenn das Produkt natürlich wichtig ist und die Besonderheiten des Produktes dich zum Erfolg führen können, so steigen Leute wegen dir in das Geschäft ein. Sie vertrauen dir, mögen deine Persönlichkeit und können sich vorstellen, mit dir zusammen zu arbeiten. Das bringt dich in die Verantwortung, ein solides und innovatives Unternehmen auszuwählen. Für uns persönlich war es wichtig, dass wir einen Ansprechpartner in Deutschland und somit vor Ort haben, um Fragen sofort klären zu können. Das Unternehmen übernimmt die Ausbildung für unsere Partner und auf diesem Grundstock können wir aufbauen und weitere Schritte im Team gehen. Zu den weiteren wichtigen Basics vor einem Start gehören außerdem, sich über den Vergütungsplan zu informieren. Wie ist er aufgebaut und wie realistisch kann hier Geld verdient werden? Und gibt es einen Mindestumsatz, der getätigt werden muss, um provisionsberechtigt zu sein? Auf all diese Fragen solltest du dir Antworten geben können.

SCHNELL EINFACH DUPLIZIERBAR

Es heißt, dass ein Direct Selling Business so einfach zu erklären sein sollte, dass es auf einem Bierdeckel aufgemalt werden kann. Dein Geschäft sollte schnell einfach duplizierbar sein, so dass niemand zurückschreckt, weil er glaubt, dass er es nicht umsetzen kann. Sobald es kompliziert wird und es eine zu lange Ausbildung braucht, um Produkt und Karriereplan zu verstehen, geht die anfängliche Euphorie bei den Partnern verloren und Umsatz und Erfolg bleiben aus.

ERSTE SCHRITTE

Der Aufbau eines neuen Geschäftes sollte nicht dem Zufall überlassen werden und auch solltest du nicht wahllos zum Telefon greifen und Menschen anrufen, denn zuerst braucht es ein Konzept, an dem du dich orientieren kannst. Die Idee, die hinter Network Marketing steckt, sieht vor, dass Produkte und Geschäftsmöglichkeit weiterempfohlen werden und so ist der erste Ansprechpartner für Fragen oder Anregungen nach dem Start immer die Person, die dich in das Geschäft gebracht hat (dein Sponsor, also deine Upline). Wir arbeiten in unserem Team mit dem Action Trainingsplan und hier definieren wir – wie bereits erwähnt – zusammen mit dem Neustarter die Ziele, fragen nach den Wünschen und überlegen, wie viel Zeit er für den Aufbau seines neuen Geschäftes aufwenden kann. Was bist du bereit für deinen Erfolg zu geben? Der Karriereplan wird ausgedruckt und die Ziele werden Stufe für Stufe mit einem genauen Datum versehen. Je nachdem, ob der Start nebenberuflich oder hauptberuflich erfolgen soll und ob bereits Network Erfahrung vorhanden ist, kann so ganz konkret überlegt werden, welche ‚to do's' nötig sind, um die gesetzten Ziele zu erreichen. Bewegst du dich eher im kalten Markt und startest bei Null oder agierst du im warmen Markt und dir sind Begriffe wie die 100er Kontaktliste nicht fremd? Und wie möchtest du arbeiten? Möchtest du auf einer Messe mit einem Infostand präsent sein oder liegt dir die online Aktivität mehr? All das muss in einem ersten Gespräch besprochen werden. Diese Vorgehensweise sorgt für Struktur, nimmt mögliche Unsicherheiten am Anfang und kann als roter Faden genutzt werden, an dem sich lang gehangelt werden kann. Du lernst, wie du aus einem Interessenten einen Kunden und aus diesem einen Partner machst. Du bekommst die besten Argumente für die Produkte und das Geschäftsmodell an die Hand, erfährst, wie du mit Einwänden umgehst und schaffst dir Strategien, um ins Duplizieren zu kommen. Das ist die beste Möglichkeit, damit den Worten Taten folgen, die als Resultat eine (möglichst hohe) Provisionsabrechnung mit sich bringen. Die ersten Schritte sind dazu da, zu lernen, was du später selbst an deine Partner weitergeben wirst. Wenn du mit deinem Mentor absprichst, wie er dich unterstützen kann, dann bildet ihr das perfekte Team. Es gibt Partner, die brauchen Hilfe, haben Fragen oder wollen motiviert werden, aber genau so gibt es auch diejenigen, die bereits nach kurzer Zeit auf eigenen Beinen stehen und genau wissen, was zu tun ist. Je intensiver sich ausgetauscht wird, desto besser gestalten sich Zusammenarbeit und Teamaufbau. Wenn du eine greifbare Führungskraft hast, wirst und dann bist, wird das dein Team zum Erfolg führen. Nur, wenn alle Seiten wissen, wie das Ergebnis auszusehen hat, kann es individuell umgesetzt werden.

NUR EINE SACHE FÜHRT VON 0 AUF 100: GAS GEBEN! SOFORT!

NICHT ÜBERLEGEN, SONDERN MACHEN

Du hast ein eigenes Geschäft ‚eröffnet' und genau als solches solltest du deinen Start im Direct Selling sehen. Du bist jetzt Unternehmer und auch, wenn du möglicherweise nicht viel Geld für den Start investiert hast, musst du dein neues Business mit einer Ernsthaftigkeit betreiben, als hättest du 100.000 Euro investiert. Erfolg hat drei Buchstaben: Tun! Wer zu sehr in der Theorie verweilt, ohne in die praktische Umsetzung zu kommen, wird keinen Erfolg haben, da er keine Ergebnisse erzielt. Nicht denken, sondern handeln. Nicht im Büro hinter dem Computer verstecken, sondern aktiv nach draußen gehen und die Menschen kontaktieren. Es muss nicht alles bis auf das letzte Detail durchgedacht werden, wichtiger ist, mit der neuen Tätigkeit anzufangen. Wer ins kalte Wasser geworfen wird, lernt Schwimmen. Mache, während andere noch überlegen! Sei mutig und bleibe mutig! Wir haben erlebt – und genau so erging es uns ja auch –, dass die fleißigsten Partner diejenigen waren, die nicht nur wollten, sondern MÜSSEN. Auch wir wollten und mussten aus unserer Gegenwart ausbrechen, hatten die Zukunft klar vor Augen und wussten, dass wir nicht lange überlegen durften. Und genau so ist es. Einfach tun! Es braucht Ehrgeiz und Biss, etwas verändern zu wollen und die Motivation und den starken Willen, wirklich durchzuziehen. Du musst am Anfang nicht perfekt sein, aber du solltest die Bereitschaft mitbringen, dich weiter zu entwickeln. Je mehr du dich entwickelst, desto besser wirst du und desto stärker profitieren deine Kunden und Partner von deinem Know how und deiner Erfahrung.

FLEISSIG SEIN

Natürlich braucht es auch eine große Portion Wissen, um im Vertrieb erfolgreich zu sein, doch viel wichtiger ist der Fleiß. Wer die Extrameile geht und mehr als andere tut, wird mehr als andere erreichen. Sportler sind der beste Beweis, denn sie zeigen, welche Höchstleistungen möglich sind, wenn hart trainiert wird. Und auch jeder, der schon einmal selbständig war, der weiß, dass es Fleiß und Verantwortungsgefühl braucht, um am Markt bestehen zu können. Wer bereits darauf getrimmt ist, fleißig zu sein, bringt Vorteile mit. Doch Fleiß ist nicht angeboren, sondern kann erlernt werden. Auf das richtige Mindset kommt es an.

Wer im Leben vorankommen will, muss Gas geben, sonst funktioniert Erfolg nicht. Die ‚Vom Tellerwäscher zum Millionär' Story ist mit Fleiß verbunden und ein über Nacht reich werden Modell gibt es nicht – es sei denn, du bist ein Erbe und kannst dich auf diesem Geld ausruhen.

Letztlich sind es die Programmierungen in deinem Gehirn, die dich zu der Person werden lassen, die du gerne sein möchtest und dich zu dem Ziel führen, das du erreichen willst. Programmiere deine Software (im Gehirn) neu und du wirst Erfolg haben. Über 90 Prozent der täglichen Handlungen laufen unbewusst ab. Du überlegst nicht, wie du das Gaspedal vom Auto trittst und wie eine Türklinke heruntergedrückt werden muss, um die Tür zu öffnen und wenn du deine nächste Mahlzeit einnimmst, musst du nicht nachdenken, wie du die Gabel zum Mund führst. Dein Gehirn weiß, wie das geht. Wenn du also auch verinnerlichst, wie Erfolg funktioniert, wirst du Erfolg haben. Und irgendwann werden sich Denkweisen und Handlungen als Selbstverständlichkeit in deinem Gehirn verankern. Ab diesem Moment

kommt der Erfolg, denn die Gedanken und die damit verbundenen Handlungen strömen von ganz alleine aus deinem Unterbewusstsein heraus.

NUR EINE SACHE FÜHRT VON 0 AUF 100: GAS GEBEN!
SOFORT!

BURNING DESIRE

Wer selbst ehrlich von seinem Produkt und dem Unternehmen begeistert ist, der kann diese Begeisterung auch mit anderen teilen. Aber auch nur dann. Wer innig für sein Geschäft brennt, steckt andere mit seiner Leidenschaft an. Daher ist es ganz wichtig, dass du ehrliches, brennendes Verlangen verspürst, um authentisch begeistern zu können. Weniger als 100 Prozent Feuer reichen hier nicht aus. Geld sollte nie dein alleiniger Antrieb sein, sondern du solltest mit jeder Faser deines Körpers hinter deiner Arbeit und ihrem Nutzen stehen. Wenn du mit Leidenschaft agierst, dann kommt der Verdienst von ganz alleine. Die Formel für den Erfolg ist ganz einfach: Treffe (d)eine Entscheidung, sei begeistert und trage deine Leidenschaft hinaus in die Welt.

LANGFRISTIG PLANEN

Wer im Direct Selling startet, muss sich von vornherein etwa drei bis fünf Jahre Zeit geben, um sein Geschäft stabil aufzubauen und um langfristig auch von einem passiven Einkommen profitieren zu können. Es ist eben kein Schnell-reich-werden-System, auch wenn viele Vertriebler das gerne als ein solches verkaufen. Je nach Vorerfahrung und Arbeitseinsatz können schneller gute Ergebnisse erzielt werden. Wichtig ist, dass du dir Zeit nimmst. Baue dein Business nebenberuflich auf, plane zwei Jahre für die Ausbildung ein, etabliere dich im Markt und wachse wie eine Pflanze: Organisch. Der Unterschied zu einer herkömmlichen Ausbildung ist in unserer Branche, dass du auch während der Lernphase schon richtig viel Geld verdienen kannst.

EHRLICH UND AUTHENTISCH BLEIBEN & EIN VORBILD SEIN

Du verkaufst ein Produkt und eine Geschäftsmöglichkeit, aber du verkaufst auch dich. Du verkaufst dich als Person, indem du souverän ein Produkt vorstellst und fachlich informierst, wie in deinem Team Geld verdient werden kann. Du wirst Menschen treffen, die dich sympathisch finden und mit dir zusammenarbeiten wollen oder aber sie lehnen dich, dein Produkt und deine Idee ab. Das ist okay, denn nicht jeder muss dich mögen. Bei allem, was du tust, solltest du jedoch immer ehrlich und authentisch bleiben und dich nicht verstellen. Nur Ehrlichkeit währt am längsten und auf Dauer wäre es auch viel zu anstrengend, eine Fassade aufrecht zu erhalten. Wenn du nahbar bleibst, immer für deine Partner da bist und ein offenes Ohr für ihre Fragen, Zweifel und Ängste hast, wird dich genau das zu einer guten Führungskraft machen. Und dass du zuverlässig sein musst, muss wohl nicht extra erwähnt werden. Sei kein Schwätzer, sondern stehe zu deinem Wort und helfe deinen Partnern, dass sie die nächste Stufe im Karriereplan erreichen können. Sei kein Schwätzer, sondern überzeuge durch dein Tun. Als Sponsor bist du ein Vorbild für deine Downline, denn jeder neue Partner möchte auch erreichen, was du erreicht hast. Deiner Vorbildfunktion solltest du dir immer bewusst sein. Zeigst du dich in den sozialen Medien, wie du die Seele baumeln lässt, die Zeit im Pool oder auf dem Sofa verbringst, gucken sich das auch deine Teampartner ab. Warum sollten sie mehr machen, als es der Sponsor tut? In dieser Branche heißt es ‚Monkey see, Monkey do' und diese Redewendung bezieht sich darauf, dass ein Affe einen anderen nachmacht. Wer dich als Vorbild sieht und sich an dir orientiert, der adaptiert, was du tust. Machst du Urlaub, nimmt sich auch dein Partner frei. Arbeitest du hart, arbeitet auch dein Partner hart.

AUF EINKOMMENSPRODUZIERENDE TÄTIGKEITEN KONZENTRIEREN

Es gibt Vertriebspartner, die sind den ganzen Tag damit beschäftigt, im Büro Unterlagen zusammen zu stellen, zu sortieren, sich am Computer in die Materie einzulesen, im Internet zu surfen, Marketingstrategien auszudenken, Flyer zu erstellen und zu überlegen, welcher Schritt als nächstes gegangen werden müsste. Sie überlegen zu viel und lenken sich ab, anstatt sich auf einkommensproduzierende Tätigkeiten zu konzentrieren. Hätte, könnte, müsste... unwichtig: Erledige, was Umsatz erzielt, und mache, was Einkommen bringt. Halte dich nicht mit administrativen und unwichtigen Aufgaben auf, sondern konzentriere dich auf die Tätigkeiten, die dein Team stärken und dein Bankkonto anwachsen lassen. Jeder Arbeitsschritt, den du unternimmst, sollte deinem Endkundengeschäft oder dem Rekrutieren neuer Partner zu Gute kommen. Wenn du als Führungskraft erfolgreich sein möchtest, dann musst du deinem Team vorleben, was sie nachmachen sollen.
Also: Arbeite so, wie du es ihnen selbst empfiehlst. Konzentriere dich auf die Dinge, die dich (und dein Business) weiterbringen. Was machst du in den Abendstunden? Fernsehen gucken? Serie schauen? Relaxen, auf dem Sofa abhängen und auf den nächsten Tag warten? Wenn du jeden Tag nur zehn Seiten von einem Business Buch liest, das dich positiv stimmt, dann hast du mehr gewonnen, als wenn du all die Sendungen und Serien guckst, die dich in eine total destruktive Richtung leiten.

Zehn Seiten von einem positiven Buch sind auf das Jahr gerechnet 3.650 Seiten – und diese sind voll an positivem Input und das registriert auch dein Gehirn. Kennst du den Zinseszinseffekt? Der Zinseszinseffekt führt beim Sparen und Anlegen zu überproportionalen Wertsteigerungen und genau das gilt auch für unser Business und das Lernen neuer Inhalte. Die Kombination aus dem richtigen Denken und dem richtigen Handeln bringt dich an dein Ziel. Rechne das Lesen dieser besagten zehn Seiten deines positiven Buches auf zwei, drei, fünf oder sogar zehn Jahre hoch...! Genau: So programmierst du dich auf Erfolg um.

Bedenke aber immer: Wissen ist zwar Macht, aber nur angewandtes Wissen ist Macht und nur, wenn du dein Wissen in die Tat umsetzt, dann kannst du Ergebnisse erzielen. Leider hat die Praxis gezeigt, dass weniger Taten erfolgen, je mehr Wissen die Leute bekommen. Das ist fatal. Daher hier noch ein-

FINANZIELL FREI UND UNABHÄNGIG ZU SEIN IST VON JEDEM MENSCHEN EIN GEBURTSRECHT.

mal der wirklich gute Tipp: Lege dein Gehirn für die nächsten drei bis fünf Jahre in das Handschuhfach deines Autos und lasse Taten sprechen. Nicht denken, sondern machen!

FINANZIELL FREI UND UNABHÄNGIG ZU SEIN IST VON JEDEM MENSCHEN EIN GEBURTSRECHT.

GLAUBE AN DICH

Wenn dein Glaube an dich (und deine Produkte und dein Unternehmen sowie deine Ziele) so stark ist, dass dich nichts erschüttern kann, dann wirst du deinen Weg so lange gehen, bis du am Ziel angekommen bist. Verliere niemals den Glauben an dich und an dein Können, an deine Werte und deine Visionen und lass dir niemals im Leben etwas anderes einreden. Mit einem starken Willen und dem richtigen Partner(unternehmen) an deiner Seite kannst du immer – immer und aus jeder Lebenslage heraus – von ganz unten nach ganz oben kommen. Vom Zero zum Hero! Unabhängig von deiner Vergangenheit und deiner beruflichen Qualifikation zählt ab jetzt nur noch, wie du deine Zukunft gestaltest.

NICHT ÜBERREDEN, SONDERN ÜBERZEUGEN

Identifiziere dich mit deinem Produkt, nutze es selbst und bleibe deinem Unternehmen treu. Loyalität zahlt sich in unserer Branche aus. Versuche nicht, dein Umfeld zum Kauf zu überreden oder unter Druck zu setzen, sondern überzeuge durch die Qualität deines Produktes, möglicherweise durch sein Alleinstellungsmerkmal, und hebe die Vorteile des Geschäftsmodells hervor. Wer dann Nein sagt, hat das Konzept vielleicht (noch) nicht verstanden, braucht noch etwas Zeit, oder verlangt nach weiteren Informationen. Oder ist zufrieden mit sich selbst?! Erzeuge Sog, keinen Druck. Dein Sponsor kann dir nur die Starthilfe geben, aber erfolgreich werden musst du selbst. Deine Upline kann dir vorleben, was möglich ist und erklären, wie es geht, aber es liegt an dir, von der Theorie in die Praxis zu kommen…indem du überzeugst und nicht überredest. Wer überzeugt wird, empfiehlt dich, dein Wissen und dein Produkt weiter… wer überredet wurde, tut das nicht. Von uns bekommst du das Rüstzeug zum Erfolg. Wir geben dir die Angel, die Lizenz zum Angeln und das Know how, um zu wissen, wie man Fische fängt. Angeln und fangen muss du selbst und wie der Fisch anschließend zubereitet wird, liegt auch bei dir. Du bist ab dem Zeitpunkt erfolgreich, ab dem du die Verantwortung für dich und deinen Erfolg übernimmst. Sei selbstbewusst genug, um zu wissen und zu fühlen, dass dein Weg der richtige ist. Es braucht keine Überredungskünste, sondern es braucht einzig und alleine eine Information, die überzeugt.

AM BALL BLEIBEN

Am Ball zu bleiben und etwas durchzuziehen ist nicht nur im Geschäftsleben von großer Bedeutung, sondern es zeigt sich auch in anderen Bereichen des Lebens. Es ist wichtig, konsequent und gradlinig zu sein. Wenn du eine Entscheidung getroffen hast, dann musst du DURCHZIEHEN! Und das ohne Wenn und Aber und mit allen Konsequenzen, die eine neue Ausrichtung nun einmal so mit sich bringen. Es gibt immer Hürden, die es zu meistern gilt und Herausforderungen, die dich zweifeln lassen, aber niemals sollten dich äußere Umstände zum Aufgeben zwingen. Wenn bei dir Zweifel aufkommen, ob du den richtigen Weg eingeschlagen hast, dann lass dir sagen, dass es immer und überall und natürlich auch in jedem Unternehmen positive und negative Aspekte gibt und in der beruflichen Laufbahn wird es dir immer wieder passieren, dass dich Personen mit noch besseren Produkten, einem noch einfacheren System oder einem noch lukrativeren Vergütungsplan beeindrucken möchten, doch genau in diesem Moment ist deine Loyalität gefragt. Bleibe am Ball und lass dich nicht beirren. In dieser Branche wirst du nicht fürs Anfangen belohnt, sondern fürs Durchhalten. Am Beispiel der Wasserpumpe zeigen wir dir, was wir meinen: Wenn du aus einer verrosteten Wasserpumpe fließendes Wasser pumpen möchtest, kostet es dich am Anfang große Kraftanstrengung, um das verrostete Gerät in Betrieb zu nehmen und um überhaupt aus der Erde Wasser anzupumpen. Du brauchst beide Hände und sogar die Füße, um die Pumpe zu betätigen und die Geräusche, die die Pumpe macht, lassen nicht erahnen, ob sie jemals Wasser pumpen wird. Doch wenn du dranbleibst, auch wenn es am Anfang noch so schwer geht, Kraft benötigt und mühsam ist, wird es irgendwann gluckern und plätschern und es wird Wasser kommen. Das Pumpen geht leichter, du brauchst nur noch einen Arm, und dann fließt das Wasser und du musst nur noch den kleinen Finger bewegen und das Wasser läuft weiter und weiter. Viele Leute machen den Fehler und sehen nur die verrostete Wasserpumpe, haben beim ersten Pumpen keinen Erfolg, hören auf und suchen die nächste Wasserpumpe, um es erneut zu probieren. Oder sie fangen gar nicht erst mit dem Pumpen an. Und sie glauben tatsächlich, dass keine dieser Pumpen jemals Wasser geliefert hätte. Ein Irrglaube, das zu glauben. Es ist die Beharrlichkeit, die sich auszahlt. Wir haben an einer Wasserpumpe gepumpt, bis das Wasser kam und wir haben bis zum heutigen Tage nie aufgehört, weiter zu pumpen. Und du kannst das auch. Es ist in allen Bereichen des Lebens so: Beharrlichkeit zahlt sich aus.

AUS FEHLERN LERNEN

Fehler dürfen gemacht werden, denn sie gehören zum Leben dazu und aus ihnen lässt sich lernen. Der Geschäftsaufbau ist ein Prozess und auch, wenn dir deine Downline erklärt und vorlebt, wie der Teamaufbau funktioniert, so gibt es keine Garantie, dass dir das auch genau so gelingt. Du musst testen, was bei dir am besten klappt und was eher kontraproduktiv ist. Um das herauszufinden, heißt es: Mit der größten Begeisterung probieren, probieren, probieren... und weiter probieren, um dann das Ergebnis zu analysieren und das eigene Handeln reflektieren zu können. Und einmal gemachte Fehler nicht zu wiederholen. Die größte Lernphase resultiert aus den Fehlern, die man im Leben gemacht hat. Aus Fehlern kannst du lernen.

RÜCKSCHLÄGE MEISTERN

Es läuft nicht alles im Leben rund. Nicht jeder Start glückt perfekt und mündet in einem Erfolg mit einem herausragenden Ergebnis. Nicht jeder wird zum Winner im Team. Aber er kann alles dazu beitragen, dass das Ergebnis ein Gutes ist. Es ist das Gesetz der Serie, dass nach einem (oder zwei, drei, vier, fünf....oder vielen weiteren) Nein's einmal ein Ja folgen muss! Wenn du jemals schon einmal im Spielkasino warst und am Roulette-Tisch mitgefiebert (und vielleicht sogar mitgespielt) hast, dann weißt du, dass nach Schwarz irgendwann einmal Rot kommen muss. Das geht nicht anders. Die Frage ist nur: Wann ist es soweit?! Es gibt Vertriebsprofis, die erstellen sich eine Namensliste mit 100 Kontakten und streichen bei jeder Ablehnung einen Kontakt ab. Sie freuen sich über jedes Nein, denn sie wissen, dass sie dieses einen Schritt weiter an ein Ja und somit an einen Verkauf oder eine Mitarbeit im Team bringt. Wenn du früh lernst mit Ablehnung zu leben und mit Rückschlägen umzugehen, dann können dich schwierige Zeiten nicht so leicht aus der Bahn werfen. Wie viele Bücher müssen Autoren schreiben, eh sie einen Bestseller landen? Möglicherweise schaffen sie es nie. Wie oft muss ein Fußballprofi auf ein Tor schießen, bis er trifft?

Wie viele Songs komponiert ein Musiker, damit aus diesem Titel ein Hit wird? Erinnerst du dich an Thomas Alva Edison, einem der erfolgreichsten Erfinder des 19. Jahrhunderts? Er unternahm tausende Versuche, bis er die Glühbirne zur Marktreife entwickelt hatte. Ein Mitarbeiter sprach nach all den vergeblichen Versuchen vom Scheitern. Doch Edison sagte: ‚Ich bin nicht gescheitert. Ich habe 10.000 Wege entdeckt, die nicht funktionieren.' Rückschläge gilt es zu meistern und aus Fehlern kannst du lernen und jede neue Erkenntnis bringt dich in deinem Business einen Schritt weiter nach vorn. Edison sagte auch – und das kann dir eine Motivation sein: ‚Viele Misserfolge sind von den Menschen hingelegt worden, die nicht erkannt haben, wie nah sie dem Erfolg waren, als sie aufgaben.' Und aus seinem Munde stammt außerdem das Zitat: ‚Unsere größte Schwäche liegt im Aufgeben. Der sicherste Weg zum Erfolg ist immer, es doch noch einmal zu versuchen.'

LIVE TESTIMONIALS

Menschen, die auf der Bühne stehen und ihre Erfolgsgeschichten erzählen, sind der beste Beweis, dass in diesem Unternehmen Erfolg gelingen kann. Wenn du die Männer und Frauen unterschiedlichen Alters und mit einer ganz anderen Vergangenheit siehst, dann spürst du, dass auch du schaffen kannst, was sie geschafft haben. Testimonials sind bei einem Opportunity Meeting, also bei einer Geschäftspräsentation, der wichtigste Punkt, um den letzten Kick der Überzeugung in einem Menschen hervor zu rufen. Denn wenn er sieht, was möglich ist, dann kommt er von der Hoffnung in die Handlung und will auch erreichen, was ihm von der Bühne aus aufgezeigt wurde.

Daher besuche die Meetings und lade später zu Meetings ein. Schaue, wie sich deine Partner entwickeln und bitte sie, ihre Erfolgsgeschichte mit anderen zu teilen – so wie auch du teilst, wie du erfolgreich geworden bist.

AUF FÜLLE KONZENTRIEREN

Es ist in der Gesellschaft so, dass sich negative Erfahrungen schneller herumsprechen als positive. Warum ist das so? Weil auch die Nachrichten täglich nur Schreckensmeldungen verkünden? Aber wieso tun sie das? Weil Menschen an Leid mehr interessiert sind als an Glück? Mhm... das wird sicherlich nicht der Fall sein, dennoch ist es so, dass viele Männer und Frauen nur die negativen Dinge in ihrem Leben sehen und sich regelrecht an ihnen ereifern. Wer aber alles nur Schwarz und nie Weiß sieht und alles schlecht redet, anstatt das Gute zu erkennen, macht es sich selbst schwer. Konzentriere dich nicht darauf, was du nicht hast, sondern darauf, was du hast und was du noch haben wirst. Denke nicht im Mangel, sondern in der Fülle. Der Geist erschafft die Materie. Legst du deinen Fokus auf die Fülle, wirst du Fülle und Überfluss in dein Leben ziehen. Denkst du ständig nur an deine Schulden und an all das Negative, wirst du genau das mit deinen Gedanken verstärken. Konditioniere dich auf Überfluss und du wirst Überfluss erhalten. Programmiere dich (also dein Gehirn) vom Mangel in die Fülle und du wirst die Fülle anziehen und die Lorbeeren deiner Arbeit ernten. Verändere deine schlechten Gedanken in gute und dann wirst du dich auch gut fühlen. Wenn du dich gut fühlst, wirst du leidenschaftlicher arbeiteten und natürlich bessere Ergebnisse erzielen. Erzielst du bessere Ergebnisse, fällt es dir leichter, am Ball zu bleiben. Der Schlüssel sind deine Gedanken: Programmiere dich neu und du wirst anders handeln – und in Fülle leben!

ERST KOMMT DIE PROGRAMMIERUNG, DANN FOLGT DER GEDANKE. IST DER GEDANKE POSITIV, HABE ICH POSITIVE GEFÜHLE UND DARAUS RESULTIEREN POSITIVE HANDLUNGEN. UND DAS FÜHRT ZU POSITIVEN ERGEBNISSEN – IM PRIVATLEBEN UND AUCH GESCHÄFTLICH.

ERST KOMMT DIE PROGRAMMIERUNG, DANN FOLGT DER GEDANKE.

IST DER GEDANKE POSITIV, HABE ICH POSITIVE GEFÜHLE UND DARAUS RESULTIEREN POSITIVE HANDLUNGEN. UND DAS FÜHRT ZU POSITIVEN ERGEBNISSEN – IM PRIVATLEBEN UND AUCH GESCHÄFTLICH.

DANKBAR SEIN

Für uns ist dieses Gefühl der Freiheit das schönste Gefühl, das wir jemals erlebt und gefühlt haben und jeden Morgen sind wir dankbar, dass wir dieses unbeschreibliche Gefühl erfahren dürfen. Dieses Gefühl von Freiheit und Unabhängigkeit ist mit keinem Geld der Welt aufzuwiegen. Wofür bist du dankbar? Sei dankbar für das System, das du an die Hand bekommen hast, für die Chance, die dir aufgezeigt wurde und die du nutzen darfst. Sei dankbar für das tolle Produkt, das dir zur Verfügung steht und von dem du selbst begeistert bist und das du jetzt hinaustragen darfst in diese Welt. Sei dankbar für das Unternehmen, dass ein stabiles Fundament geschafft hat und das dir Provisionen ausbezahlt, die du dir verdient hast. Bleibe loyal und immer in enger Verbindung zu deinem Unternehmen, deinen Kunden und den Partnern in deinem Team.

Nawrot

Roman und Manuel Nawrot
SIG RM 330

DAH HY 70

The Fireball
HYLA

TIME
LINE

TIME
LINE

Roman (geb. 3. März 1985) und Manuel (geb. 8. Juli 1988) wachsen im oberschwäbischen Bad Saulgau auf.

Mutter Irmgard arbeitet als Steuerfachgehilfin (heute Vermögensberaterin), Vater Wladimir betreibt eine Ein-Mann- Musikschule.

Die Brüder treten im In- und Ausland als Volksmusiker auf, spielen mehrere Instrumente (Keyboard, Gitarre, Melodica, Akkordeon, Harmonika, ...) und werden als Roman und Manuel Nawrot zu Stars. Unter anderem treten sie im legendären Café-Restaurant ‚Zum Kuhstall' von Maria und Margot Hellwig in Reit im Winkl auf.

Als Volksmusiker erhalten sie diverse Auszeichnungen (zum Beispiel):
1. Platz ‚Internationaler Musikwettbewerb am Bodensee' (**1999**), ‚Musikantenprinzen' im MDR-Fernsehen in ‚Achim's Nachwuchshitparade' (**2001**). Erstplatzierte bei der SWR 4 Nachwuchshitparade (**2001**). ‚Nachwuchsförderpreis für Schlager und Volksmusik der Stadt Weimar' (**2003**).

Vater Wladimir verstirbt unerwartet im Alter von nur 56 Jahren am 8. März **2006**.

Roman und Manuel Nawrot übernehmen die Musikschule.

Eröffnung weiterer Filialbetriebe.

2008: Aufgabe der Musikschule.

2009: Weggang aus dem Heimatort Bad Saulgau.

Orientierung an der Fernsehsendung ‚Das Leben der Superreichen'.

Die Brüder übernehmen diverse Jobs, unter anderem als Waschmaschinen-

Monteure, Kellner (Gastronomie), Außendienst (Vertrieb).

2011: Eröffnung Imbiss ‚City Dog' im Münchner Hauptbahnhof.

Einstieg in das Partnerunternehmen (Direct Selling) zum 22. Oktober **2012.**

Erster Provisionsscheck im Direct Selling über 300 Euro.

Daniel Eder, Lebenspartner von Roman Nawrot, steigt mit in das Unternehmen ein.

2013: Abgabe des Imbiss Betriebes ‚City Dog'.

Martina Coric, Lebenspartnerin von Manuel Nawrot, steigt 2014 mit in das Unternehmen ein.

Monatliche Roadshows sowie zahllose Geschäftspräsentationen und unzählige Partnermeetings bundesweit sowie in Österreich und der Schweiz. Seit Einstieg im Partnerunternehmen zusammen gerechnet gefahrene Kilometer auf den Straßen im deutschsprachigen Raum: 1,6 Millionen.

Seit Beginn der Corona-Pandemie verstärkter Fokus auf Zoom- und Telefon-Calls sowie Social Media.

Roman und Manuel Nawrot werden **2014** weltweit zur Nummer 1 in ihrem Unternehmen.

Mit ihrem High Performance Team, 580 registrierten Partnern sowie einem Umsatz von über 500.000 Euro, erreichen sie **2015** die höchste Stufe im Karriereplan.

Roman Nawrot heiratet seinen langjährigen Lebenspartner Daniel Eder (jetzt Nawrot) am 7. Oktober. Das Paar adoptiert die Zwillinge Romeo und Melodie (2019).

Das High Performance Team der Nawrots knackt im März **2018** den Rekord im Unternehmen und verkauft 500 Maschinen in nur einem Monat.

Im August **2018** werden Roman und Manuel Nawrot offiziell als einzige im deutschsprachigen Raum lebende Network Marketing Profis in der ‚Network Marketing Pro Hall Of Fame' von Eric Worre persönlich aufgenommen. Die Million Dollar Hall of Fame ist ein zertifiziertes und geprüftes Bestätigungsprogramm, das weltweit Marketer anerkennt, die Stärke, Mut, Leadership und Führung beweisen und ein Einkommen von über 1 Million US-Dollar (in einem Kalenderjahr) vorweisen können.

Der Erfolg bringt eine Medienpräsenz mit sich. Branchenmagazine berichten, die Brüder sind in Radio-, und TV-Sendungen sowie in Videobeiträgen und Podcasts zu Gast und werden vielfach geehrt (Beispiel: 2020: ‚Die 500 wichtigsten Köpfe der Erfolgswelt in Deutschland, Österreich & der Schweiz', Erfolg Magazin).

Manuel Nawrot heiratet Martina Ćorić (jetzt Martina Ćorić Nawrot) **2019**, die Töchter Mia Luisa und Mila Marija kommen 2019 und 2021 zur Welt.

Im Mai 2021 knackt das Nawrot Team seinen persönlichen Rekord und verkauft in nur einem Monat über 1080 Maschinen – eine Leistung, die es in dieser Form in der Company bisher noch nie gab.

Black Friday Sales Rekord: Im November 2021 erzielt die Organisation der Nawrots an nur einem Tag einen Umsatz von über einer Million Euro.

2021: Die Nawrot Brothers sind unangefochten die Nummer 1 in ihrem Partnerunternehmen und weltweit an der Spitze in über 86 Ländern.

2022: Die Brüder Roman und Manuel Nawrot feiern mit ihrem High Performance Team das 10-jährige Bestehen in ihrem Partnerunternehmen im Direktvertrieb.

...and the Business goes on – die Erfolgsstory ist noch nicht abgeschlossen!

NAWROTBROTHERs
SCAN MICH
LINK zum ERFOLG!
Button klicken oder Code scannen, um direkt zu unserer kostenlosen 3 teiligen Videoserie zu kommen!
JETZT MASTER OF
BIG SALES WERDEN!
WWW.LEBE-DEINEN-ERFOLG.COM

Quellenangabe Bilder:
KavoPo-Photography
Foto Keidel Hechingen
Ozan Cohen

Buchdesign: Sarah Marie Lau

COPYRIGHT UND IMPRESSUM

NAWROT GmbH
Gewerbestraße 8
87787 Wolfertschwenden

9 783000 736575